大家小书
译馆
10

人性的高贵与卑劣

Of the Dignity or Meanness of Human Nature

David Hume

［英］休谟－著

杨适－译

北京出版集团公司
北京出版社

图书在版编目（CIP）数据

人性的高贵与卑劣／（英）休谟著；杨适译. — 北京：北京出版社，2017.5
（大家小书. 译馆）
ISBN 978-7-200-11754-7

Ⅰ. ①人… Ⅱ. ①休… ②杨… Ⅲ. ①休谟，D（1711～1776）—人性论—哲学思想 Ⅳ. ①B82-061 ②B561.291

中国版本图书馆 CIP 数据核字（2015）第 307920 号

选题策划：高立志　王忠波
责任编辑：王忠波
责任印制：宋　超
装帧设计：左左工作室

·大家小书·译馆·
人性的高贵与卑劣
RENXING DE GAOGUI YU BEILIE
［英］休谟　著　杨适　译
＊
北 京 出 版 集 团 公 司　出版
北 京 出 版 社
（北京北三环中路6号）
邮政编码：100120
网址：www．bph．com．cn
北京出版集团公司总发行
新 华 书 店 经 销
三河市同力彩印有限公司印刷
＊
880 毫米×1230 毫米　32 开本　6.375 印张　116 千字
2017 年 5 月第 1 版　2024 年 3 月第 4 次印刷
ISBN 978-7-200-11754-7
定价：38.00 元
如有印装质量问题，由本社负责调换
质量监督电话：010-58572393

总　序

刘北成

　　"大家小书"自 2002 年首辑出版以来，已经十五年了。袁行霈先生在"大家小书"总序中开宗明义："所谓'大家'，包括两方面的含义：一、书的作者是大家；二、书是写给大家看的，是大家的读物。所谓'小书'者，只是就其篇幅而言，篇幅显得小一些罢了。若论学术性则不但不轻，有些倒是相当重。"

　　截至目前，"大家小书"品种逾百，已经积累了不错的口碑，培养起不少忠实的读者。好的读者，促进更多的好书出版。我们若仔细缕其书目，会发现这些书在内容上基本都属于中国传统文化的范畴。其实，符合"大家小书"选材标准的非汉语写作着实不少，是不是也该衷辑起来呢？

现代的中国人早已生活在八面来风的世界里，各种外来文化已经浸润在我们的日常生活中。为了更好地理解现实以及未来，非汉语写作的作品自然应该增添进来。读书的感觉毕竟不同。读书让我们沉静下来思考和体味。我们和大家一样很享受在阅读中增加我们的新知，体会丰富的世界。即使产生新的疑惑，也是一种收获，因为好奇会让我们去探索。

"大家小书"的这个新系列冠名为"译馆"，有些拿来主义的意思。首先作者未必都来自美英法德诸大国，大家也应该倾听日本、印度等我们的近邻如何想如何说，也应该看看拉美和非洲学者对文明的思考。也就是说无论东西南北，凡具有专业学术素养的真诚的学者，努力向我们传达富有启发性的可靠知识都在"译馆"搜罗之列。

"译馆"既然列于"大家小书"大套系之下，当然遵守袁先生的定义："大家写给大家看的小册子"，但因为是非汉语写作，所以这里有一个翻译的问题。诚如"大家小书"努力给大家阅读和研究提供一个可靠的版本，"译馆"也努力给读者提供一个相对周至的译本。

对于一个人来说，不断通过文字承载的知识来丰富自己是必要的。我们不可将知识和智慧强分古今中外，阅读的关键是作为寻求真知的主体理解了多少，又将多少化之于行。所以当下的社科前沿和已经影响了几代人成长的经典小册子也都在"大家小书·译馆"搜罗之列。

总之,这是一个开放的平台,希望在车上飞机上、在茶馆咖啡馆等待或旅行的间隙,大家能够掏出来即时阅读,没有压力,在轻松的文字中增长新的识见,哪怕聊补一种审美的情趣也好,反正时间是在怡然欣悦中流逝的;时间流逝之后,读者心底还多少留下些余味。

2017 年 1 月 24 日

写在前面的话

　　这本小册子，收了休谟的十四篇相当有名的重要文章，相信它们能给读者提供许多有趣味的启迪和教益。

　　大卫·休谟（1711—1776）是著名的英国经验主义哲学家、历史学家和经济学家，也是一位对社会生活和人类本性有多方面精细观察和独到见解的作家。在哲学和哲学史上，他起过非常重要的作用。康德曾说，是休谟把他从独断论的迷梦中唤醒的。现代西方哲学中的实证主义和逻辑经验主义也非常尊崇休谟，在英美世界中，休谟与洛克、康德齐名，影响巨大，至今不衰。从马克思主义的观点来看，休谟也是一位重要人物。以前有人把休谟说成是贝克莱主义的翻版，把他的哲学说成是主观唯心主义，那是不合实际的。休谟以怀疑论的形式建立起彻底的经验主义哲学，虽然我们不能同意他的某些基本哲学结论，但是公正地说，他的哲学在本质上更接近于唯物主义而不是唯心主义。恩格斯指出："休谟的怀疑论今天仍然是英国一切非宗教的哲学思想的形式。这种世界观的代表者说，我们无法知道究竟有没有什么神存在；即使有的话，他也根本不可能和我们发生任何联系，因此，我们在安排自己的实践活动时就应该假定什么神也没有。我们无法知道，究竟灵魂和肉体有没有区别，究竟灵魂是不是不死的；因此，我们在生活中就假定此生是我们仅有的一生，用不着为那些我们所不能理解的事物忧虑。简单地说，这种怀疑论的实践完全重复着法国的唯物主义。"[1] 在《社会主义从空想到科学的发展》英文版导言中，恩格斯甚至说："真的，不可知论如果不是'羞羞答答的'唯物主义，又是什么呢？"[2] 这些论断是正确的。休谟的怀疑论或不可知论的主要矛头，是对着宗教迷信和教条式的形而上学哲学的。为了坚持批判宗教，他在强大的旧势力的顽固反对下，前后用了二十年时间写作和反复修改他的《自然宗教对话录》，临终前多次设法并在遗嘱中强调一定要使它问世，就是一个明证。他对宗教和误人不浅的哲学与道德说教非常厌恶，全是为了把生活建立在符合自然的文化经验之上，这一点在本书收入的文章中也得到了相当充分的体现。

本书的各篇散文展现了休谟对广泛的社会生活和个人情感道德问题的多方面敏锐而深刻的见解，涉及美学和各种文学艺术问题、道德人生问题和科学与哲学问题，他观察深入细致，说理清晰合乎情理，富有历史感和人情味，文笔优美生动，许多论述对于我们了解西方尤其是英语世界中人们的思想和心理有极大的帮助，对于我们今天走向世界也会有不少启发。不仅一般读者，我想即使专门从事哲学、美学、伦理学研究的学者们也都能从中获得不少益处。就拿专门搞哲学原理或哲学史的人来说，如果我们想从枯燥的条条下得到解放，想使我们所学到的或研究得来的原则有血有肉、生动活泼起来，就应该不仅研究这些原则本身，还应该多多做实际的经验的观察分析，这本身往往具有意想不到的深刻意义。

　　当然，休谟毕竟是一位不可知论或怀疑论哲学家，他的不少观点是我们不能赞同而且应该予以批评的。我们相信读者具有这种鉴别力和批判力，这里就不再多说了。

注释

1　见《马克思恩格斯全集》第 1 卷，人民出版社 1956 年版，第 660 页。

2　见《马克思恩格斯选集》第 3 卷，人民出版社 1966 年版，第 436 页。

目　录

怀疑派[1]

很久以来，我对于哲学家们在一切问题上所做的判断就持有怀疑态度，并且发现我自己同他们发生争论的意向要大于同意他们结论的意向。他们似乎没有例外地都容易犯一种错误：把他们的原理规定得过死，不能说明大自然在它的全部作用中所造成的那么多千变万化。如果一个哲学家一旦抓住了某个他喜爱的原理，而这个原理也许能说明许多自然现象，他就会把这个原理扩大到说明整个世界，把一切现象都归因于这个原理，虽然他这样做靠的是最勉强和荒唐的推论。我们的心灵自身是狭小偏窄的，我们无法使我们的概念扩展到能同自然的变化和范围相匹敌的地步，可是它会想象自然在自身的工作中受到的限制同我们在自己的思考中所受的限制一样。

如果在某种情形下发生过对哲学家的弱点的怀疑，这就是指他们在对人生的论述和如何获得幸福的方式上。他们在这方面陷入迷途，不仅是由于他们的理解力狭隘，而且也是由于他们在感情上的狭隘。几乎每个人都有某种占主导地位的倾向，支配着他的其他愿望和爱好；尽管在他的全部生活过程中会有某些中断，这个主导的倾向总在支配着他。要他领悟到他全然漠视的事物能够使人得到欢乐，完全在他的视野之外的东西具有迷人的魅力，这对他来说是困难的。在他看来，他自己的追求永远是最动人的，他的热情所指向的目标永远是最有价值的，他所遵循的道路永远是唯一能引导他走向幸福的。

但是如果这些有先入之见的推理者稍加反省，许多明显的事例和论点就足以打破他们的迷梦，使他们跳出他们那些公理和原理的狭隘局限。难道他们没有看见我们人类有极其繁多的偏好与追求，每个人似乎都对他自己的生活道路非常满意，认为他的邻人所受的局限是最大的不幸？难道他们自己没有感觉到有时快乐，由于欲求的改变，另一时候感到不快；没有感觉到他们尽了最大努力，也没有能力重新唤起先前给他们以诱惑力的趣味和欲望，来改变当前的冷漠或颓丧状态？因此他们应当想想，人们一般喜爱选择的那些社会生活，如城市和乡间的生活，行动的生活，寻求愉快和休息的那种生活，即社会生活，有些什么意义。固然，不同的人有不同的倾向偏好，可是每个人的经验也能使他确信上述这些生活方式都各有其可取之处，它们的多样性或者它们的适当交替混合就能使它们都令人愉快。

但要容许这样的事岂不全然是冒险？难道一个人在决定自己生活道路时可以不运用他的理性来告诉他，什么道路可取，最能确保他通往幸福，而只听任自己的脾性爱好？难道人们彼此的行为方法之间没有差别？

我的答复是，这里有极大的差别。一个人按照他的性格爱好选择他的生活道路，可以运用许多办法来确保自己比另一个由其性格爱好引入同样的生活道路、追求同样目标的人得到成功。你追求的主要目标是财富吗？那你就要专心你那一行以获得熟练技能；要勤勉地实际练习它；要扩大你的朋友和熟人的范围；要避免享乐和花销；绝不要慷慨大方，而要想到你必须节俭才能得到更多的钱。你想得到公众的好评吗？你就要避免狂妄和过谦这两种极端，显出你是自尊的，但也没有轻视别人。如果你陷入这两种极端之一，那你就会由于你的傲慢而激起人们对你的傲慢态度，或者就会由于你胆小如兔的谦卑和你似乎喜欢说些低声下气的意见，让别人看不起你。

你会说，这不过是些普通有关小心谨慎和遇事斟酌之类的老生常谈，每个父母都拿这些道理来谆谆告诫自己的孩子，每个头脑健全的人在他选定的生活道路上都是这样做的。可是，你还想得到的更多东西又是什么呢？你是否以为在普通的小心谨慎和思虑周详所能告诉你的东西以外，能从一位哲学家那里学到如同一位狡猾的人耍戏法变魔术那样变出来的东西呢？——是的，我们从一位哲学家那里受到的教导，主要是我们应该怎样选择我们的生活目的，而不是达到这些目的的手段；因为我们不知道选择什么志向能使我们满意，什么情感我们应当依从，什么嗜好我们应当迷恋。至于其他，我们信任普通的健全理智和世上为人处世的一般道理，把它作为我们的教训。

所以，我很遗憾我曾经自命为一个哲学家，因为我发现你们的种种问题是非常困惑人的。如果我的回答过于严肃认真，说些空话，一副学究气，或者如果回答得过于轻易随便，被误认为在宣扬罪恶和不道德，那我就处在一种危险的境地里了。不过无论如何，为了满足你们，我还是来谈谈我对这个问题的意见，希望你们把它只看作我本人的一点体会。这样你们就不至于认为它值得嘲笑或愤怒了。

如果我们能够依靠某种从哲学里学到的、在我看来可以视为确实无疑的原理，那么它本身就不是什么高贵的或卑鄙的、可欲的或可恨的、美或丑的原理，而只是从人类的感受和情感的特殊组织结构中产生的某些特性。对于一个动物显得最精美的食物，对于另一个动物来说好像是使它作呕的；

使一个动物感到愉快的东西，在另一个身上产生的是不快。这种情况大众公认适用于所有肉体感觉。但是如果我们更精确地考察这个问题，就会发现上述观察也同样适用于和肉体同时发生作用的心灵，适用于同外在欲望相结合的内心感受。

你要一位热恋者告诉你他的情人怎样，他就会告诉你，他不能用言语形容她是多么迷人，还会很严肃地问你，你是否见过一位绝代佳人或天使？要是你回答说你从未见过，他就会说，他实在没有办法使你对他那迷人的情侣如此圣洁的美得到一个概念，她的形象那么完美，她的身段那么匀称，她的风度那么动人，她的性情那样甜蜜，她的脾气那样开朗。你从他所说的这一切里能知道什么呢？只能得到一个结论，那就是，这个可怜的人已经堕入情网了；大自然灌注到所有动物身上的那种两性间的一般情欲，在他的身上起着作用，决定了具有某些品质的一个特定对象能够给他快乐。这同一个上帝的创造物，在另一种动物或另一个人看来只不过是一个普通的生物而已，被极端冷漠地加以看待。

自然赋予一切动物以一种同样的特点，让它们都偏爱自己的后代。当娇嫩的幼儿刚刚睁开眼睛见到光亮时，虽然在其他动物眼中它不过是一个不足道的可怜的小东西，可是疼爱它的父母却以极端的柔情注视着它，喜爱它甚于任何别的事物，无论它们是多么完善。唯有出自人类自然本性的原始结构和形态的情感，能赋予最没有意义的对象以价值。

我们可以把这个观察再推进一步，得出如下结论：即使只有心灵在起作用，感受到厌恶或喜爱的感情，它也会断定某个对象是丑陋的、可厌的，另一对象是美丽的、可爱的；我要说，即使在这种场合，这些性质也不是真实存在于对象之中的东西，而只是完全属于那进行褒贬的心灵感受。我承认，要把这个命题向思想粗疏的人讲明白，讲得像能摸得着看得见那样，那是相当困难的；这是因为自然赋予人心的感受能力要比大多数肉体感觉能力更加一致些，它在内心中产生的摹写要比人类的外在表现更加接近。在精神的趣味方面，有某种东西接近于原理，评论家可以用理性做推论并讲出道理来进行争论，不像烹调的味和香料的气味那样说不清。我们可以观察到人类中的这种一致性，并没有妨碍他们在美感和价值评价方面有很大的差异；教育、习俗、偏见、任性和癖性，都常常改变着我们这种趣味。你绝不能肯定一个不习惯听意大利音乐，不欣赏它那种错综缠结趣味的人，对苏格兰调子也不喜爱。你甚至除了你自己的趣味之外，没有一个简单的论点能说明你自己的爱好；与你爱好相反的人的特殊口味，使他仿佛总有一种更确信的相反论点。如果你们是些聪明人，你们每个人就应当承认别人的趣味也可以是正当的。许多趣味不同的事例会使你们承认，美和价值这二者都仅仅是相对的[2]，它们存在于一种使人感到满意的感受之中；一个特殊心灵里的一个对象，同这个心灵的特殊结构和组成相符合，就产生出这种感受。

在人类中可以观察到的这种感受上的多样性，自然好像是要使我们领悟到它的威力，让我们看到它仅仅靠改变人类情感欲望的内在结构而无须改变各种对象，就能产生这些情欲上的惊人变化。对一般人，用这个论点已经可以使他们确信了。不过那些惯于思考的人，还需要一种更普遍的关于主体本性的论证，才能确信这一点。

在推理活动中，心灵所做的不过是考察它的对象，这些对象被假定为实际地存在着，心灵并没有给对象附加什么或减少什么东西。如果我考察托勒密和哥白尼的天文学体系，我的努力只在通过我的探究认识星体的真实状况；换句话说，我把这二者各自主张的天体关系，在我的概念中看作是同一对象的关系，努力加以认识。所以，对于心的这种功能来说，似乎永远有一种实在的东西存在于事物的本性之中，尽管常常打上了某种未知的印记；它不会由于人类的不同理解变成或真或假的东西。虽然所有的人一直都认定太阳在运动而地球是静止的，但太阳并没有因为所有这些论证而从它所在的位置挪动一寸；这样的结论永远是虚假错误的。

但是，关于对象是美的还是丑的，叫人喜欢的还是让人讨厌的，这类问题的情况就同真或假的问题不同了。在这种场合，心灵不满足于单纯考察它的对象，把这些对象看作是物自身；它还在考察中感受到某种愉快或不快、赞许或谴责的感情；这种感受决定着心灵附加给对象以美的或丑的、可意欲的或可憎恶的性质。所以很显然，这种感受必定依赖于心的特别构造或结构，它能使这样一些特殊的对象形式在这样一些特殊的方式下起作用，从而产生出心和它的对象之间的某种共鸣或呼应。如果改变人心结构或内在官能，感受就不复存在，可是这些形式依然如故。感受不同于对象，它的活动是依据心的官能而产生的，后者的变动必然改变着感受效果；同一对象，如果对某个心灵表现为完全不同的东西，就不会产生同样的感受。

在感受可以明显地同对象区别开来的场合，无须多少哲学，每个人都很容易从自己的经验得出上述结论。权力、荣誉和报复，本身无所谓是什么值得追求的东西，它们的全部价值都根源于人类情欲的结构，从这种结构中人们产生出追求这些东西的意愿。这些道理谁不懂得呢？但是在涉及自然的或道德上的美时，通常就认为是另一回事了。人们以为使人满意的性质存在于对象之中，而不是存在于自己的感受之中，之所以如此，仅仅是因为立体的感受没有达到那种强烈的程度，不能以一种明显的方式把这种感受本身同关于对象的认知区别开来。

不过，稍加思考就足以区别它们。人们能确切地知道哥白尼体系中所有的圆圈和椭圆形轨道，托勒密体系中所有不规则的螺旋线，却没有感知前者比后者要更美些。欧几里得充分说明了圆的各种性质，但是在任何命题里却没有一个字说到美。这道理很明白。美，并不是圆的一种性质。它不存在于和同一圆心保持等距离的圆周上的任何一段弧线之中。美只是这种曲线形状在人心中产生的作用，心的特殊组织结构容易对它产生这种感受。如果你想在圆里面找到美，或者想靠你的理智，靠数学推理，在圆形的全部属性里搜求到美，那是徒劳无功的。

数学家在阅读维吉尔作品时，他的愉快只在于检查埃涅阿斯航行的图线，他能完全理解这位伟大作家所使用的每个拉丁词的意义，从而对整个叙述得到一个清楚的概念。在获得一个清楚的概念上，他会比对于诗歌中的地理描述了解得不那么确切的人要强。他知道诗中的一切，但是却不知道它的美，因为美，实在说来并不存在于诗中，而是存在于读者的感受中或鉴赏力之中。如果一个人没有这样的雅兴使他获得这个感受，他就必定对美一无所知，虽说他有科学知识和天使般的理解力[3]。

整个论证在于说明，任何人所追求的对象的价值，或评价，我们可以用来确定他的喜爱所在的东西，并不存在于对象本身之中，而只存在于他追求这个对象的情欲之中，存在于他的追求所获得的成功之中。对象本身绝对没有什么价值或评价。它们之所以有价值只是由情欲而来。如果情欲强壮有力和稳定，能获得成功，这个人就是幸福的。一个在舞蹈学校的舞会上穿新衣的小姑娘，她所得到的十分快乐的享受，同最伟大的演说家以自己光辉的雄辩赢得胜利，支配一个大集会上众多听众的热情和意见时那种感受不相上下，对于这一点没有什么理由加以怀疑。

因此，人们之间的全部差别，在涉及生活时，这种差别只在于情欲或得到的满足不同，这些差别足以产生种种巨大的幸福或不幸。

要得到幸福，情欲就既不能过于激烈，也不能过于平淡。在前一种情形下，心灵处于不停的忙碌骚乱之中；在后一种情况下，它陷入一种使人不快的懒洋洋和毫无生气的状态中。

要得到幸福，情欲必须是亲切宽厚和乐于交际的，不要粗野放肆。后一类情感不像前者所表现的那样使人感到愉快。谁把怨恨、记仇、敌对、恼怒看作是同友谊、仁厚、温暖、感恩差不多的呢？

要得到幸福，情欲必须是兴致勃勃和快活的，不是阴郁和忧伤的。有希望的和欢乐的癖好是真正的财富；而一种使人畏惧和忧虑的癖好是真正的贫困。

有些情欲或爱好，在享用其对象给予它的愉快方面，不像其他的那样稳定持久，不能感受到持续的快乐和满足。例如哲学上的信念，类似诗人的奔放热情，是一种很不确定的东西，它要靠高度的精神活动或灵感，许多闲暇，良好的天赋，以及刻苦钻研和深思熟虑的习惯，才能得到；可是，尽管有这一切条件，我们得到的可能还只是像自然宗教这样一种抽象的不可捉摸的东西[4]，它不能长久地激励人心，或者说，它在生活中没有任何作用。为了使热情持续，我们必须寻求某些打动理智和想象的方法，必须对上帝做历史的和哲学的说明。从这种角度我们甚至能看出普通的宗教迷信和仪式有用处。

人们的脾气尽管极不相同，我们还是可以放心地断言，一般来说某种愉快的生活不能像从事一种事业那样长期保持下去，这会使人感到倒胃口和厌烦。最能持久的娱乐，其中混杂交替着各种热诚和小心，就像打牌和打猎那样。而一般说来，事业和行动在人的生活中填补了大量虚空。

但是，在性格爱好非常适合于某种享受的地方，时常缺乏对象。从这方面来看，那些追求外在对象的情欲，就不如在我们自身中能得到满足的欲求给予我们那么多的幸福；因为我们既不能确定得到这些对象，也不能保证占有它们。在得到幸福的问题上，求知欲是比追求财富的欲望更加可取的。

有些人具有心灵方面的巨大力量，他们即使在追求外部目标时，也不因一时失意就大为沮丧，能以最大的愉快重新唤起他们的热诚和勤勉。对于幸福有所贡献的莫过于心灵的这种驾驭能力。

按照这个简短和不完全的对人类生活的概略描述，最幸福的心灵气质是品德善良；或者换句话说，它能引导我们行动和工作，使我们在同别人交际时通情达理，在命运打击下有钢铁般的意志，使各种感情趋于适中，使我们对自己的种种想法心安理得，把社会的和交际的愉快看得高于感官的愉快。说到这里，最不细心的人也必定能明白，并非心灵的所有气质都同样有利于得到幸福，某种情欲或脾气也许是非常可爱的，而另一种也许是很让人讨厌的。的确，生活状况的全部区别依赖于心灵；任何一种事务，就它本身来说，都无所谓哪个更能使人幸福。好和坏，包括自然的和道德的，都完全是相对于人的感受和情感而言的。没有人会永远不幸，只要他能改变他的感情。像普罗透斯[5]那样的人，靠不断改变他的形状，就能避开一切打击。

但是这种以不变应万变的本性，我们在很大程度上丧失了。我们心灵的结构和组成不依赖我们所选择的对象，犹如我们的身体结构不依赖它所选择的对象。大多数人对于选择上的变化，能够使我们感到快乐，甚至没有些微的观念。正如一条小溪在它流动时必然要循着地形的某些特点那样，无知的和不假思索的人也受他们的自然倾向所驱使。这些倾向有效地驱除了哲学的所有僭妄主张，以及那些自吹自擂是心灵良药的说教。甚至有智慧和善于思索的人，自然也给他们以巨大的影响。一个人想靠极端人为的努力来矫正自己的气质，达到自己立志具有的善良品德，并不总是能办到的。哲学帝国的势力范围只涉及少数人，因此它的权力也是很微弱有限的。人们可以很好地理解美德的价值，也可以立志去达到它；可是要说他们能按照自己的愿望取得成功，却并非总是有把握的。

不管是谁考察人类的行为过程，只要不带偏见，就会发现他们几乎完全都是受其组织结构和倾向指导的，一般的准则作用很小，只能影响我们的趣味或感受。如果一个人对荣誉和美德有深切的了解，情欲适中，他的举止就总能合乎道德规矩；即使他违背了这些规矩，回头也很容易和迅速。反之，如果一个人生来就在心灵结构上别扭乖张，或生性冥顽不化，麻木不仁，对美德和人性无动于衷，对他人没有同情心，也不想得到人家的评价和赞扬，这样的人必定是完全不可救药的，哲学也没有任何治疗他的药方。他只满足于卑贱的色欲，沉溺在恶劣的情欲之中；他从不忏悔和抑制自己的罪恶倾向；他甚至没有意识到自己需要有一个较好的品质，也没有这个兴趣。对我来说，我就不知道怎么同这样一个人说话，用什么道理能改造他。要是我告诉他，人有一种内在的使人满意的东西，它来自可敬的、有人情的行为，来自无私的爱与友谊这种微妙精致的快感，来自终于享有美名和确定的声望，他还是会这样回答我：也许那些容易被它们打动的人以为这些是快乐的事，但是我发现自己在性格和脾气上与他们非常不同。我必须重复这一点，我的哲学对此提不出任何救治的办法，只能对这人的不幸状况摇头叹息。不过我要问：是否别的哲学能提供一种救治办法，或者说，用某种学说使所有的人善良，不管他们的心灵自然结构怎么乖僻，像这样的事情是否可能？经验立刻使我们确信这是不行的；而我要冒昧地断言，哲学能给人的主要好处是以间接的方式产生出来的，来自它那种隐秘的、难以觉察的影响，而不是直接的运用。

确实，认真留意于科学和文艺，能使心性变软和富于人情，使良好情感欢乐，而真正的美德和尊严就在其中了。一个有鉴赏力和学识的人连个正派人也算不上，这种情况是很少的，尽管他会有种种毛病。由于他的心灵致力思考学问，必定能克制自己的利欲和野心，同时必定能使他相当敏锐地意识到生活中的各种礼节和责任。他对品格和作风上的道德差别有比较充分的识别力；他在这方面的良知不会削弱，相反，会由于思考而大为增进。

除了这些气质性格上的潜移默化，上述研究和运用还可能产生其他作用。教育的丰硕成果能使我们确信，人心并不全是冥顽不可雕的，可以探根求源进行许多改造。只要让一个人给自己树立一个他所赞美的品格榜样，让他好好熟悉这个榜样的具体特点以便塑造自己，让他不断努力地警惕自己，避开邪恶一心向善，我不怀疑，经过一段时间，他就会发现他的品格有了一个较好的变化。

习惯是另一种改造人心的有力手段，能使心灵植入好的气质和倾向。一个谨严和稳重从事的人，会讨厌嘈杂与混乱；如果他致力事业或学习，闲着无事对他来说像受罚；如果他严格要求自己做到对人仁爱与和蔼，对一切骄傲与粗暴的行为他马上就会感到憎恶。如果一个人完全确信有美德的人生是可取的，如果他必须在有些时候勉强自己，下个决心就足以办到，他的改进就不会使人失望。不幸的是，假如一个人事先没有相当的品德，这种确信和决心就绝不会产生。

在这里，就要谈到艺术和哲学的主要成就之所在了。它神不知鬼不觉地加工改造了人的气质，用一种持久的、使心灵倾倒的办法，用习惯的一再重复，指点我们应当努力求得的品性。除此以外我不能承认它有多大作用。我必须对思辨的说理者们讲得那么含糊其词的所有那些劝诫和安慰人的说教，抱怀疑态度。

上面已经说过，没有什么对象本身是可欲的或可厌的，可贵的或可鄙的。对象之所以获得这些性质，是观察它们的心灵的特殊性格与组织给予它们的。所以，对于减少或增添任何人给对象的评价，激发或平息他的情欲来说，没有什么直接的论证或道理能用来发挥力量或起到作用。多米提安[6]以捕捉飞鸟为乐，如果要得到更大乐趣，那不如像威廉·罗菲斯去捕捉野兽，或者像亚历山大那样去征服许多王国。

但是，尽管任何对象的价值只由每个人的感受或情欲来决定，我们可以观察到，情欲在做出自己的评判时考虑的不单是对象本身，还要看到伴随着它的一切条件。一个因占有一粒钻石而狂喜的人，并没有因此限制自己的目光，看不到面前一块灿烂的宝石。他也认为这是个稀罕东西，由此直接产生出快感和欣喜。所以，哲学家在这里可以参加进来，提醒我们注意某些特殊见解、思考和条件，以免我们看不到它们，用这种方法他也能缓和或唤起某种特别的热情。

在这方面，绝对地否认哲学的权威似乎是不合理的；不过必须承认这里也有一个有力的假设与之对立，即如果这些见解是自然的、明显的，它就无须哲学的帮助也能自己得到；如果这些见解不是合乎自然的，哲学也无法对这些感受起作用。这些感受有一种非常精微的性质，不能靠极端人为的方式或努力来强加于它们或限制它们。我们有意追求的、很艰难地从事的、如不小心谨慎就不能保持的某种考虑，绝不能产生天才和热情的持久运动，因为它们是自然的、人心组织结构的产物。一个人可以装出一副很好地治愈了失恋痛苦的样子，因为他借助于显微镜或望远镜这种人工手段，看到他的情人皮肤粗糙，或者模样巨大可怕不成比例。塞涅卡或爱比克泰德[7]希望用人为的论证来唤起或平息人的情欲，也是这样的。可是在这两种场合，对于对象天然的模样和情景的怀念，仍然翻来覆去地出现在他心头。哲学思考太精巧、太辽阔了，因而不能在日常生活中发生作用，也不能根除任何感情。在大气层的风和云之上，空气太精微了，也就无法呼吸。

哲学所能提供我们的那些精致的思考还有另一个缺点，就是它们不能在减少或消灭我们恶劣情欲的同时不减少或消灭善良的情欲，从而使心灵陷入完全无动于衷、毫无生气的状态。它们大多是些一般性的、适用于我们所有情欲的理论。如果我们指望它们的影响只朝一方面起作用，那是徒劳的。如果由于不停地钻研和沉思默想使我们对它心领神会，化为自己的东西，它就会无处不在地起作用，在心灵中散播一种普遍的冷漠情绪。当我们摧毁了神经的时候，我们在身体里就消灭了痛苦，但同时也就消灭了快感。

只要睁开眼睛看一看，就容易发现，古今大受赞许的哲学思考，大多数都有这样那样的缺陷。哲学家说："不要让人们的伤害或暴力搅得你心绪不宁，那是因为你对此感到愤怒和憎恨的缘故。难道你会对一只猴子的恶意或对一只老虎的凶猛感到愤怒吗？"[8] 这个思想会引导我们对人类本性产生一种不好的看法，而且必然要消灭社会交往的热情。它还阻止人对自己的罪过进行任何忏悔，因为他会想，恶对人类来说是合乎自然的，正如残暴的野兽有那种特殊本能一样。

"所有的弊病都来自绝对完美的宇宙秩序。你想为了你自己的特殊利益侵犯如此神圣的秩序吗？"我从恶意或压迫所受到的伤害又算得了什么呢？"在宇宙秩序里，人们的罪恶和不完善都是可以理解的"。

　　如果瘟疫和地震不是天意，为何会出一个博尔吉亚[9]或一个喀提林[10]？让我们同意这种说法，而我们自己的恶也是同一秩序的一个部分。

　　有人说，谁如果不超脱舆论的约束就不幸福。对此，一个斯巴达人回答道："那么除了恶棍和强盗以外就没有幸福的人了。"[11]

　　"人是否生来就可悲，而在遇到某个不幸时会感到吃惊？是否由于某种灾祸就不禁会悲伤哀恸？"——是的，他非常有理由悲叹他生来就是可悲的。可是你却用成百种拙劣办法去安慰一个人，还自以为能使他宽解。

　　"你应当永远看到你眼前有死亡、灾难、贫困、愚昧、放逐、中伤和丑行，这些都如同生病一样是人类天性里容易发生的事情。如果这些灾难中的任何一个降到你头上，你在估量它之后最好是加以忍受。"——对此，我的答复是，如果我们对人生的灾难只局限在一种很一般的和冷漠疏远的思考上，它对于我们准备应付这些灾难是没有什么效果的。如果我们关起门来努力沉思默想，使自己沉迷于这些思考，它就是毒害我们全部欢乐的真正毒剂，使我们永远陷入可悲的境地。

"你的悲伤是没有结果的，不能改变命中注定的事情。"——说得很对，而我对这种议论又感到遗憾。

西塞罗安慰人耳聋的话有点稀奇古怪。他说，"你不懂得的语言有多少？迦太基语，西班牙语，高卢语，埃及语，等等。听到这些语言你都像聋子一样，可是你并不在乎这种事情，那你对一种语言听不见又算什么很大的不幸呢?"[12]

我倒比较喜欢昔勒尼派人物安提帕特的巧妙回答。他眼瞎了，有几位妇女来安慰他，他说："什么！你们以为在黑暗中就没有欢乐了吗?"[13]

丰特奈尔[14]说："什么都比不上真正的天文学体系更能摧毁野心和征服的欲望。同浩瀚无际的大自然相比，就连整个地球也不过是个渺小可怜的东西!"[15]这种玄想显然离现实太远，没有多大作用；而且，要是它有什么作用，岂不是在摧毁野心的同时也摧毁了人们的爱国心了吗？这位会向女人献殷勤的作家又补充说，女人的明媚的目光，是唯一不会由于天文学那种最宏伟的见解而失去它的光彩和价值的东西，它能经受住任何学说的检验。难道哲学家们指教我们的，就是让我们的感情局限于这类东西？

普鲁塔克对一个放逐中的朋友说："流放不是坏事。数学家告诉我们，整个地球同天宇相比不过是一个点而已。那么从一个国家到另一国家，也不过是从一条街搬家到另一条街罢了。人不是扎根在一块确定的土地上的植物，所有的土壤和气候都一样适合于他。"[16]这些论点要是只在流亡异国的人们里面说说，固然很可嘉许，但如果从事公共事务的人也把这种说法正经当作知识，毁掉他们对自己祖国的依恋之情，那会有什么后果呢？或者，它的作用就像骗人的假药那样，对治疗尿崩和水肿病都同样的好？

确实，假如有一种超级存在物进入人体，就能使他觉得全部生活都十分渺小，幼稚可笑，不值一提，那时劝他做任何事情就都没有用了，他也不会注意周围发生的一切。如果要他屈尊去扮演一位热情快活的腓力的角色，那会比约束真正的腓力还困难；那位真正的腓力在当上国王和征服者五十年之后，还得留心和注意修补旧鞋，这是琉善在作品中描写他在阴间所做的事情。现在我们看到，所有那些轻蔑人间事务的说法，都能在这个被假设出来的存在物身上起作用，这种情形在哲学家身上也发生了；不过由于它们是人的能力在某种程度上失调造成的得不到什么较好的经验来证实加强，也就不能充分对他起作用。他知道，或者不如说他感觉到，这些说法的真理性是不能令人满意的；他永远只是在他不需要什么的时候，就是说，只有在没有什么来困扰他或唤起他的欲望情感时，才是高超的哲学家。一旦这些情欲发生作用，其敏锐和热烈也会使他惊奇；不过他不会马上承认这对他是什么至关紧要的事情，而通常是把这些情欲转换成他不那么加以谴责的东西，以便他继续保持一个旁观者的身份。

在哲学书里可以看到主要有两种思考能起重大作用，因为这些思考来自日常生活，在有关人类事务的多数肤浅见解里也能看到它们。如果我们想到人生短促，世事沉浮不定，那我们对幸福的一切追求显得多么鄙乏味啊！纵然我们的心思能超出今生今世，如果我们想到人间事务在不停地变化改革，使法律和学术、书籍与政府都在时间里匆匆流逝，有如处在激流之中那样，并且终于消失在汪洋大海般的事件之中，那么我们种种最宏大的计划和最丰富的设想还有什么意义！这样的一种思考确实有助于抑制我们的一切情欲，可是自然乐于欺骗我们，使我们以为人生是有某种重要意义的；靠上述思考就能同自然的这种巧计相对抗吗？这样一种思考岂不是也可以被好色之徒成功地用来讲歪理，使人们脱离事业和美德的道路，步入怠惰和享乐的花街柳巷吗？

　　我们从修昔底德的著作中知道，在雅典发生大瘟疫期间，死亡似乎要降临到所有人身上，这个时候放肆的寻欢作乐就在人们中普遍流行，他们彼此劝说能活一天就要使生活过得尽量快活[17]。薄伽丘[18]在佛罗伦萨发生瘟疫时也观察到了同样的情景[19]。一种类似的原则使士兵们在战争期间比任何其他人都要更加放荡无忌。当下的欢乐永远是有价值的；任何贬损它的意义的做法，只能给它增添影响力，使它更加受人重视。

　　第二种哲学思考能时时对感受发生影响，它是由把别人的处境拿来同我们相比较而引起的。这种比较，即使在日常生活中也是随时在进行的；不过不幸的是，我们总爱同处境比我们强的人对比，而不是同处境不如我们的人对比。哲学家矫正这种自然产生的毛病，是把自己的比较转向另一方面，使自己对命中注定的处境感到容易忍受些。有少数人不怀疑这种思考能给人带来某种安慰；虽说对一位脾气非常好的人来说，看到人的悲惨境遇心中产生的与其说是宽慰还不如说是悲哀，并且他对自己不幸的悲叹，使他对别人的不幸深感同情。这样的思考是不完善的，尽管它是哲学能安慰人的说法中最好的一种[20]。

现在我用下述考察来给这个主题的讨论做出结论，这就是：虽然美德——只要能达到——无疑是最好的选择，人事仍然是没有规则的和混乱的，对于今生所能期待的幸福和不幸，永远不会有完善的或有规则的安排。我认为，不仅财产的富裕、身体的素质（这两者都很重要）这些利益在好人与恶人之间分配得不平等，而且甚至心灵本身在某种程度上也是如此；品德最可贵的人恰恰由于他感情的组成结构而并不总能享受到最高的幸福。

我们可以观察到每种肉体上的痛苦都来自身体某个部位或官能的某种毛病，不过这痛苦同这毛病并不总是成正比的，它会或大或小，这要看体液中的有害物发挥作用的那个部位在感受能力上的大小程度而定。牙疼产生的强烈剧痛比肺结核或浮肿病的痛苦要厉害。同样，我们也可以观察到，对心灵这个有机体而言，虽然一切丑恶都确实有害，可是烦恼、痛苦同丑恶的程度本来也不相等；有最高美德的人，即使抛开外部偶然事件来说，也不是永远最幸福的。郁郁寡欢的性格，对我们的情感来说确实是个缺陷和不足，但它常常伴随着高度的荣誉感和正直诚实，在很高尚的人品中就时常能见到它；虽说光是它足以使生活加重痛苦，使人受到影响而十分可悲。反之，一个自私的坏蛋可以具有活跃快乐的性格和某种欢快的心情，这的确是一个好品质，可是在这点好处之外他受到了多大的惩罚啊，即使他交了好运，他的那罪过也会使他悔恨和不得安逸。

为了说明这点，我还可以补充一个看法。如果一个人容易有某种毛病或缺点，常常与之相应就有某种优点，这种优点会使他比全是缺点要更加可悲。一身都是毛病的人容易因为受困而惊醒，可是如果他有慷慨大度和友善的性格，能活跃地关照他人，使他能得到很多幸运和奇遇，这样他就更加不幸。羞恶之心，在一个有毛病的人身上确实是一种美德，可是它产生的是巨大的不快和悔恨，但也正因为如此，坏人才能完全摆脱罪恶而从善。一副多情的面孔却没有友善的心肠，这样的人在无节制的恋爱里比豪放性格的人更幸运，但这个人因此就丧失了他自己，完全成为自己情欲的奴隶。

总而言之，人的生活主要是靠运气而不是靠理性来支配的；它比较像一场暗淡的游戏而不大像一种严肃的事业；它较多受具体的性癖影响而较少受一般原则的制约。我们应该带着热情和忧虑来投入生活吗？考虑得那么多是不值得的。我们应该冷漠地对待一切事情吗？那我们就会由于冷淡和漠不关心失去这场游戏的一切快乐。在我们对生活进行说明论证的时候，生活正在逝去；而死亡，虽然人们接受它时或许有所不同，毕竟愚者和哲人都同样是要死的。把生活归结为确实的法则和方法，通常都是费力和没有结果的工作。这岂不也是一种证据，表明我们过高估计了我们所讨论的问题？甚至用理性十分仔细地关注它，确切地规定它的正确观念，也是过高地看待了这个问题；如果不这样做，而是关注某些性格爱好，这种研究就会是最有趣味的一种工作，它在生活中可能会有用处。

注释

1　这篇文章所讲的是休谟自己对生活、幸福和哲学的看法，对我们了解休谟的哲学观点有重要意义。

2　of a relative nature，意指它不是单方面的自然本性，而是两方面相互关系所形成的自然本性。

3　要是我不怕显得哲学味十足，我愿提醒读者注意如下著名学说，它在今天已公认为得到了充分证明："滋味、颜色和其他所有这类可感知的性质，并不存在于物体中，只存在于感觉中。"美与丑、善与恶也是如此，这个学说并不取消感受性质的实在性，只是否认它在物体中的实在性；所以，文艺批评家和道德家们无须对此感到不快。虽然颜色被认为只存在于眼睛的视觉里，难道染工和画家就会不关心、不重视它吗？人类的理智和感觉有足够的一致性，使所有这些性质成为艺术和理智的对象，对生活和种种方式方法产生最大的影响。自然哲学的上述发现，确实并没有改变人们的行为举止，那么为什么与之类似的道德哲学发现就会造成什么改变呢？——原注

4　休谟毕生反对自然宗教信仰，著有《自然宗教对话录》一书。

5　普罗透斯，希腊神话里的海中老人，能占卜未来和随心所欲地变化，有些人把他看成是创造世界的一种原始物质的象征。

6　多米提安（51—96），罗马皇帝。

7　这是两位古罗马时代斯多噶派哲学家。

8　见 Plutarch, *De Cohibenda Ira*。

9　博尔吉亚（1475—1507），教皇亚历山大六世的私生子，善于利用阴谋和暗杀达到自己的目的。马基雅维利在《君主论》中鼓吹欲达目的可以不择手段，就以他为新时代君主师表，博尔吉亚因此著名。

10　Poper, *Essays on Man*, I, 155 ~ 156. ——原注

11　Plutarch, *Lacaenarum Apophegmate*. ——原注

12　Cicero, *Tusculam Disputations* V. 40. ——原注

13　Cicero, *Tusculam Disputations* V. 83. ——原注

14　丰特奈尔（1657—1757），法国科学家，作家。

15　Fontenelle, *Entretiens Sur La Pluralité des Mondes*. ——原注

16　Plutarch, *De Exlilio* 600 ~ 601. ——原注

17 见修昔底德《伯罗奔尼撒战争史》第 2 卷，第 39 页。——原注

18 薄伽丘（1313—1375），意大利文艺复兴时期重要作家，人文主义先驱。著有《十日谈》等。

19 见 Baccaccio, Decameron, "Prefacetoethe Ladies"。——原注

20 怀疑论者把所有的哲学问题和思考限定为上述两种，也许是把话说得过分了。似乎还有些别的哲学思考，其真理性是不能否认的，其天然倾向是使一切情欲平静和缓和下来。哲学贪婪地抓住这些东西，研究它们，加以强调，把它们收藏在记忆里，使心灵熟悉、亲近它们；它们对气质的影响是富于思想性的，文雅的，适中的，值得考虑重视。不过你会说，如果人的气质是事先就安排定的，那么自命为能形成这种气质的那些做法还有什么作用呢？我想它们至少能加强这种气质，用一些它所乐意接受和能培养它的观点把它装备起来。下面就是这类哲学思考的少数例子：

①难道一切生活情境不都是确实隐伏着缺陷吗？那么为什么要羡慕别人？

②每个人都知道缺陷，同时完全能够补偿，为什么不满意于现状？

③习惯能减轻好和坏两方面的感受，使一切事情习以为常。

④健康与幽默感就是一切。除非这些受到影响，别的都没有关系。

⑤我还有多少其他的好享啊！那我为什么只对一种不幸烦恼呢？

⑥许多人处境同我一样，为什么他们很快乐而我要抱怨呢？还有多少人在羡慕我呢？

⑦每件好事都是要付出代价的：要财富就得辛劳，要受宠就得奉承。我能不花钱买到东西吗？

⑧生活里没有那么多幸福，人类本性就不容许。

⑨不要谋划太麻烦的好事，它依赖于我自己吗？是的，最初选择是我做的。生活像一场游戏，我们可以选择游戏；情欲在一定程度上可以抓住它的适当对象。

⑩如果预期将来不可避免地会遇到什么痛苦的事，就用你的希望和幻想来安慰自己。

⑪我想发财，为了什么？为了我可以占有许多好东西，房屋、花园、马车、仆从等等。自然毫不吝惜地向每个人提供了许多好东西，如果好好享用，已经足够了；如果不会享用，再有钱也是枉然。看看它对习俗和人们脾气的影响，就能立刻去掉对财富的兴趣。

⑫我要名声。如果我行为好，我会得到所有熟悉我的人们的称赞，其他人的赞誉对我有什么意义？

这些想法非常显而易见，所以奇怪的是并非每个人都这样想；是那么让人确信，所以奇怪的是它们不能说服所有的人。不过，也许它们能使大多数人这样想，能劝说大多数人，只要他们对人生做一般的冷静的观察思考。可是当一个真实的感人的事件发生时，情欲被唤醒了，幻想激动了，事例抓住了人心，别人鼓动着我们，这时人们就忘记了哲学家的话，以前似乎是稳固而不可动摇的那些说教，对他来说就显得空洞无物了。对这些麻烦事有什么救治办法呢？经常熟读那些受欢迎的道德家的作品来帮助自己，求教于普鲁塔克的学识，琉善的想象，西塞罗的雄辩，塞涅卡的机智，蒙田的快活，沙夫茨伯利的高尚。道德的训诫包含着深深的感触，能使心灵在情欲的妄念面前坚定。不过，单从外在的帮助而言，它们并非全可信赖，因为养成习惯和学习它们需要哲学的气质来给予思考的力量，因为它们的作用在于使你幸福的一大部分独立不依，使心灵从一切混乱的情欲中摆脱出来获得宁静。不要轻视这些帮助，也不要过分信赖它们，只有在自然赋予你的气质中自然喜爱的东西，才是可信赖的。——原注

论艺术和科学的兴起与进步

在我们对人事的探究上，没有什么比确切分清哪些是由于偶然机遇，哪些是由于因果关系更需要精细研究的了；也没有什么别的问题，比它更容易使研究者被自己错误的穿凿附会弄得晕头转向，上当受骗。如果说任何事件是由机遇而发生的，那就不必再去研究它了；这样，研究者就同其他人一样停留在无知之中。如果假定事件是由某些确实可靠的原因引起的，他就会发挥才能来寻求这些原因；而如果他又能在这个研究中有足够的精细，他就有机会大大扩充他的著作，显示他渊博的知识，因为他看到了一般民众和无知的人不曾看到的东西。

在区分机遇和因果的问题上，往往要看具体

的研究者思考的是什么样的具体事情，以及他们对这些事情的明察能力如何而定。不过，要是我能提出某个一般的规则，那对我们做出这种区别还是有帮助的。我想这条规则可以表述如下：那些靠少数人的事情，在很大程度上是凭机遇的，或者说，它的起因是神秘的和难以探明的；而那些在大量人群中发生的事件，则常常能够找到确定的、可以理解的原因来加以说明。

这条规则可以用两个很自然的道理来说明。

第一点，如果假定一颗骰子有个特点，总爱倾向于显出某一边，那么不管这种习性是多么小，只掷几下也许并没有显出这一边来，可是扔的次数要是很多时，平均起来这一边出现的机会就一定相对要多些。同样，如果某些原因能产生一种特殊的爱好或激情，那么在一定的时代和一定的民族中，虽然一些人可能并不受它的感染，有他们自己的特殊感情；但是多数人确实会被共同的爱好抓住，他们的一切行为会受到这种社会风气的支配。

第二点，那些适于在多数人身上起作用的原因或原则，总是些具有比较根深蒂固的性质的东西，它不大会顺从偶然事件，也不大会受一时的念头或个人幻想的影响，与只适于在少数人身上起作用的原因不同。后者通常是些非常精致和微妙的东西，只要某一具体的个人在健康、教育或运气方面发生很小的偶然变化，常常就足以使它改变或阻碍它们发挥作用；所以，不可能把它们当作什么普遍适用的经验和原理。它们的一时影响，绝不能使我们确信到另一时期还能起作用，尽管在这两种场合下一般条件完全相同。

用这条规则来衡量，一个国家内部的逐步变革必定更适于作为一个可以用理性和观察来加以研究的对象；相比之下，研究外部的干预或激烈的革命就要困难得多，因为它常常是由某些个人引起的，而且有许多任性、愚蠢或反复无常的行为在起作用，不容易用一般的情感和利益来说明。在英国，王权削弱和平民兴起，发生在允许财产进行转让的各种法规提出和执行、贸易与工业增长之后，这些都比较容易用一般原则来加以说明；但是，像查理·昆特[1]死后西班牙衰落和法兰西君主国兴起这类事情就不同，如果亨利四世[2]、黎塞留枢机主教[3]和路易十四[4]是西班牙人，而腓力二世[5]、三世、四世和查理二世是法国人，那这两个国家的历史就会完全颠倒过来。

基于同样道理，说明某一国家商业贸易的兴起和进步，比说明它在学术方面的进步要容易得多；一个国家专心致志鼓励贸易的发展，要比它培养学术更有保证得到成功。贪婪、发财的欲望是一种普遍的情欲，它在一切时间，一切地方，一切人身上都起作用；但是好奇、求知欲，只有很有限的影响，它需要青春年少的精力和闲暇、教育、天赋、榜样等等条件，才能对人起支配作用。在有买书人的地方，你绝不会找不到卖书的人；可是有读者的地方，可能常常没有作者。在荷兰，众多人口的需要和自由，使商业得到发展；但是学术上的研究运用，几乎还没有使他们产生出任何杰出的作家。

因此我们可以得出结论说，没有什么别的主题比研究艺术史和科学史更需要小心谨慎的了，我们应当避免讲些根本就不存在的原因，或者把纯属偶然的东西说成是稳固可靠的普遍原则。在任何国家中从事科学事业的人总是很少数的；他们的志趣、愿望的作用是有限的；他们的鉴赏能力和判断能力是精细的、容易改变的；他们作用的运用发挥常常受最微小的偶然事件干扰。所以机遇或秘密的难以探明的原因，对于一切精致艺术的兴起和进步必有重大的影响。

不过也有一个理由，使我认为不能把这个问题全部归结为机遇。虽然从事科学事业以其惊人成就赢得后世赞叹的人，在所有时代和所有国家里总是很少，但他们总不是孤立的现象：如果产生他们的那个民族在此之前不具备同样的精神和才能，并使它在人民中得到传播渗透，那么要从这民族最初的幼稚状态中产生、形成和培养出那些杰出作家的鉴赏力、判断力，就是一件绝不可能的事。要说群众都趣味索然，而能从他们之中产生出出类拔萃的优美精神，那是不可思议的。奥维德[6]说："上帝就在我们之中，呼吸到神圣的灵感，我们才生气勃勃。"[7]一切时代的诗人都提倡这种灵感说。不过无论如何，这里并没有任何超自然的东西。点燃诗人灵感的火焰不是从天上降下来的，它只是在大地上奔腾的东西，从一个人胸中传到另一人，当它遇到最有素养的材料和最幸运的安排时，就燃烧得最旺盛明亮。因此，关于艺术和科学的兴起、进步的问题，并非全是少数人的鉴赏力、天才和特殊精神的问题，也是一个涉及整个民族的问题。在某种程度上，我们可以把后者看作是一般的原因和原则。我承认，一个人要是研究某个特定的诗人——以荷马为例——为什么会存在于如此这般的一个地方，存在于如此这般的一个时间，那他就是轻率冒失地陷入了怪想，除了这类繁多而虚假的精细奥妙问题而外，他就不能研究别的重要问题。也许他会自夸他说明了费边和西庇阿这些将军为什么在那个时代生活在罗马，为什么费边出生早于西庇阿。要解释这样的偶然事件，只能说出贺拉斯所说的那种理由：

Scit genius, natale comes, qui temperal astrum,

Naturae Deus humanae, mortalis in unum——Quodque caput, vulta mutabilis, albus et ater. [8]

但是我还是认为，对于某一个国家为什么在某个特定时期会比它的邻邦要更加文明、更加讲求学术，在许多情况下是可以找到好的说明理由的。这至少是一个非常有意义的主题。如果我们在还没有弄清是否能说出一番道理来证明这一点，是否能把它归结到一般原则之前，就完全放弃对它的研究，那是很可惜的。

对于这个问题，我的第一点来自观察的看法是，在任何民族中，如果这个民族从来不曾享受过一种自由政治的恩惠，它就不可能产生艺术和科学。

在世界史的最初年代，人们还是野蛮无知的，为了在彼此的暴力争斗和不义中求得安全，当时除了选择某些人（人数或多或少）来做统治者外还找不到别的办法；人们对他们寄予盲目的信任，还没有法律或政治制度提供保证来防止这些统治者的暴力和不义行为。如果政权集中在一个人手中，如果人口由于征服或自然繁殖增长到很大数目，君主就会看到单靠他个人管辖所有的地方，处理所有的政务，那是办不到的，必须委派他的全权代表去当他的下属行政长官，在他们各自管辖的地区维护和平和秩序。在经验和教育还没能使人们的理智判断能力得到相当程度的改善时，君王本人不受任何约束，也从没想到要去约束他的大臣，只管把他们安排到各处，置于各部分人民之上，委以生杀予夺的全权。所有的一般法律，在运用到具体场合时是相当麻烦的，需要有洞察力和丰富的经验；具备了这两方面的能力才能认识到照法律办事其实比任性地使用统治权力所带来的麻烦还要少些，也才能认识到一般法律整个说来带来的麻烦和不便是最少的。国家内部法律的制定和运用，有经常的试验和勤勉的观察也就够了；而人们要想得到一些别的进步，尤其是高级的诗和雄辩艺术上的进步，还需要有敏捷的天才和想象力的作用；

所以在法律的改进达到相当水准之前，那些高级艺术的进步是很不容易得到的。所以，不能认为一个不受约束又没受教育的野蛮君主会成为一位立法者，也不能设想他会约束各行省的蛮横官吏和各村镇里的土霸王。我们知道，已故的沙皇虽然有高贵的禀赋才能，十分喜爱和赞美欧洲的艺术，还是公然崇尚土耳其的政治统治方式，喜欢做些概括的决定，有如野蛮的君主政权那样，下判断、做决定根本不管什么方法、形式或法律的制约。他没有觉察到这样一种做法，同他致力改善人民的其他一切作为是多么矛盾。任性的权力，在一切情况下都是某种压迫和败坏。要是收缩到一个很小的范围，就全然是毁灭性的、不可忍受的；要是具有这种权力的人知道他当权的日子不长和不确定时，情况就更加糟糕。塔西佗[9]说，Habetsubjectos tanquam sucs; viles ut alienos。意思就是说，他以全权统治臣民，好像他们是自己的所有物；同时又完全无视他们、虐待他们，好像他们是属于别人的。一个民族处于这种方式统治之下，不过是些奴隶，这里所用的"奴隶"一词完全符合该词的本义。要说他们能够具有追求精致趣味和科学理性的抱负，那是不可能的。他们没有那么多勇气享受生活所需要的丰富多彩或安全。

所以，要期待艺术和科学能首先从君主政权下产生，等于期待一个不可思议的矛盾。因为在这些精致东西产生以前，君主是无知和没受过教育的，他的知识不足以使他理解需要用一般法律来平衡他的统治，他所做的只是委派他下属的全权行政官吏。这种野蛮政治贬抑人民，永远阻碍着一切进步。假如科学为世人所知以前，有一位君主已经聪明智慧到能成为一个立法者，他懂得靠法律而不是靠那些官僚的随心所欲来治理人民，那么这个政治或许可能成为艺术和科学的摇篮。但是这个假定看来几乎没有任何根据或合理性。

在一个共和国的幼年时期，由于法律很少，也会像一个野蛮君主国那样，委派一些权力无限的人来治理和做出决定。但是除了人民经常的选择能在很大程度上限制政府的权力而外，约束官员以保持自由的必要性，随着时间的推移一定会逐渐显示出来，从而必然会产生出一般的法律和章程制度来。有一个时期，罗马执政官决定一切问题，不受任何确定的法规制约，后来人们不愿再忍受这种桎梏，就创立了十人团[10]，由它颁布十二铜表法。这部法典尽管在分量上比不上一部由议会制定的英国法规，但在这个赫赫有名的共和国里，若干世纪都靠这部几乎是唯一的成文法来解决财产和刑罚问题的。这些法律和一个自由政府的形式，足以保证公民们的生命和财产安全，撤换有权力的人，防止任何人以暴力或专制对待他的同胞。在这种情况下，学术能够抬起头来得到繁荣；但这一切绝不可能在压迫和奴役里存在，有如在野蛮的君主统治下永远不会有这种结果那样，因为那里唯有人民受长官权力的管束，而长官们却不受任何法律或规章的管束。这种性质的无限专制，只要它存在一天，就要竭力阻止一切进步，不许人民获得知识，因为人们有了知识就能争取一种较好的政治和一种比较温和适当的政权。

这就是自由国家的好处。尽管一个共和国也可能是野蛮的，可是由于一种绝对无误的作用，它必然会产生法律，即使人类在其他学术方面还没来得及取得可观的进步。从法律产生安全，从安全产生对知识的渴求，从这种渴求产生知识。这个进步过程的往后几步也许带有较多的偶然性，但第一步是完全必然的。因为一个共和国要是没有法律就绝不能持续存在。相反，在一个君主制国家里，这种政治的形式本身就使法律的产生成为不必要的。君主政体，如果是绝对的，本身就包含着对法律的某些厌恶。只有那些有大智慧的和善于思考的君主也许能把两方面加以调解结合。可是这样有智慧的君主，要是没有人类理性的较大发展和改进，是绝不能指望他的出现的。而这些进步又需要有求知欲、安全和法律。因此，艺术和科学的最初发展，绝不能指望会发生在专制政治之下。

虽然我把缺少法律，给予一切大小官吏以生杀予夺的全权当作主要的原因，但除此之外，在专制政权下还有些其他因素阻碍着精致艺术的兴起，雄辩在民众政治下产生的确是比较自然的。在完成一切事业上，彼此仿效和竞争必定能唤起更加生气勃勃和主动活跃的精神，使人们的天赋和才能得到比较充分发展的天地和宏大的目标。所有这些因素，只有自由的政治才能提供，所以它是艺术和科学唯一适宜的摇篮。

我对本文主题要谈的第二点来自观察的看法是，对于文化与学术的兴起，最有益的条件莫过于存在着一些彼此为邻的、由贸易和政治往来联系在一起的独立国家。这些邻近国家之间自然产生的相互仿效和竞争，是促进文化学术进步的一个显著动力。不过我要着重强调一个限制性的条件，那就是，它们的领土大小要能使竞争双方都保持各自的力量和权威。

一国政府管辖辽阔的领土，只要有一个人权力过大，马上就会变成绝对的；小国则自然地趋于共和制度。一个大的政府总是容易一步步变为专制的，因为它的每个暴力行为最初形成了一部分专制因素，随着这类行为的增多，不知不觉就会越走越远，也不会激起强烈的骚动反抗。此外，一个大的政府，虽然整个说来不能令人满意，但可以靠一些小手段来保持人民对它的顺从；因为分而治之的结果，会使每个局部对别的地方发生的情况一无所知，不敢首先起来骚动和起义。不必说，在这种国家里存在着对王公贵族们极端盲目的尊敬，因为人们很难见到君王，对他不熟悉，不知道他的弱点，自然会产生这种迷信。大国还能提供巨大的财力、物力来支持帝王摆出庄严壮观的体面排场，使普通百姓看了目瞪口呆，这也很自然地有助于奴役他们。

在一个小国里，任何压迫行为马上就会被全体人民知道，对这种行为的牢骚不满很容易传布开来，愤怒情绪也容易升级，因为在这样的小国里，人民并不认为他们同掌权者之间的距离非常大。孔代亲王说，"没有一个人在他的书童眼睛里是个英雄"。确实，对于任何终有一死的血肉之躯来说，仰慕和熟悉总是难以并存的。即使是亚历山大大帝也要睡觉、恋爱，这使他明白自己并不是一个神。不过我认为，那些每天陪伴他的人由于看到他有数不清的弱点，也更容易对他的人性或仁爱方面看到不少令人信服的证据。

小国林立对学术有利，因为它制止了权威和权力的进一步发展。声望对于掌权者来说时常是一种巨大的诱惑力，同样也能毁灭思想的自由和人们的检验能力。但是如果一些彼此为邻的国家在技艺和贸易上交往很多，它们的相互妒忌并不影响它们泰然自若地接受彼此的法律，还能促使它们留意别国的种种趣味和学术道理，并以极大的关注和精确性来检验彼此在每一种技艺、学术方面的成就。流俗意见的互相感染，不容易从一个地方广泛传播到另一些地方。在这个那个国家中，它很容易碰到阻碍，流行的偏见不会在各个国家里同时并发。唯有合乎自然和理性的东西，或者至少是强有力地模仿自然和理性的东西，才能通过一切障碍为自己开辟道路，把最堪匹敌的国家联合起来从事一种值得给予高度评价和赞美的事业。

古希腊是一大串小的主权城邦国家，城邦很快就变成共和国；由于相互邻近，又有相同的语言和利益做纽带把它们联合起来，它们在贸易和学术上就产生了最密切的交往。这里还有良好的风土气候，土地不算贫瘠，还有一种最和谐悦耳容易理解的语言，这个民族具有的各种条件看来都有利于艺术和科学的兴起。在各个城邦里产生了一些艺术家和哲学家，他们不愿屈从于邻国的那些偏好；彼此的讨论和争辩使人们才智得到磨砺而敏锐起来；在判断者面前存在种种质难，每个人都向别人的选择提出挑战；科学不受官方限制而低头，就能茁壮生长，发展至今仍是我们赞赏对象的可观地步。后来，罗马基督教或天主教教会散布到整个文明世界，长期垄断着全部学术，实际上成为一个教会统治的巨大国家，并且统一于一个首脑之下，于是各种学派就消失了，唯有逍遥学派的哲学[11]允许在各个学院里传授，完全剥夺了其他一切学术的存在。不过人类终于还是挣脱了这种枷锁，事情有了转机。今天的情势又回过头来接近于往昔了，现在的欧洲仿佛是古希腊的一个摹本，只不过以前希腊的典型是小规模的，现在规模大了。我们在若干事例上已经看到了这种情势的益处。是什么力量阻挡了笛卡儿哲学的发展？我们知道法兰西民族曾经表现出对它的强烈兴趣，一直持续到上个世纪末，但是来自欧洲另一些国家的反对使它受到阻遏，那里的人们很快发现了这个哲学的缺点和不足。对牛顿学说进行最严格的反复彻底的审查，并非来自他的本国人，而是来自外国人；如果牛顿学说能战胜如今来自欧洲所有国家的反对意见和对立观点，就可能把凯旋式的胜利永远传下去。英国人对于他们活动的舞台上出现的淫荡丑闻变得很敏感，是因为他们有法国人的端庄正派作为榜样。法国人确信他们剧院里由于上演的爱情戏和风流故事过多，变得有些软绵绵，女人气，就开始求助于一些邻国的更富于男子汉气概的艺术趣味。

在中国，似乎有不少可观的文化礼仪和学术成就，在许多世纪漫长的历史发展过程中，我们本应期待它们能成熟到比它已经达到的要更完美和完备的地步。但是中国是一个幅员广大的帝国，使用同一种语言，用同一种法律治理，用同一种方式交流感情。任何导师，像孔夫子那样的先生，他们的威望和教诲很容易从这个帝国的某一角落传播到全国各地。没有人敢于抵制流行看法的洪流，后辈也没有足够的勇气敢对祖宗制定、世代相传、大家公认的成规提出异议。这似乎是一个非常自然的理由，能说明为什么在这个巨大帝国里科学的进步如此缓慢[12]。

在地球上的四大洲里，欧洲是被海洋、河流和山脉割裂最甚的地区，而在欧洲各国，希腊又是割裂最甚的一个地方。这些地域很自然地被分割成一些不同的国家或政权，因此科学从希腊发源，而欧洲迄今为止一直是科学的故乡。

有时候我爱这样想，在学术中断的那些时期，要是并没有毁掉古代的书籍文献和历史记载，那么由于统治权力的中断，废除了压制人类理性的专制势力，那这种学术的中断对艺术和科学毋宁是更有益的。就这一方面来说，政治权力的变动和社会的变动具有同样的影响。想想古代各个派别的哲学家对他们老师的那种盲目崇拜顺从的样子，你就会确信这样奴性十足的哲学即使经历许多世纪也不可能有多少进步。甚至在奥古斯都时代兴起的折中主义哲学派别，尽管他们专心致志从各个不同方面自由选择他们喜欢的东西作为自己哲学的成分，但就其主要之点来看，还是同其他派别一样，是一种奴性的、缺少独立性的哲学家。他们不是在自然中寻求真理，而是在某些学派中寻求；他们以为真理必定能从某些派别的哲学里找到，虽然它并不全在某一派而是分散在许多流派之中。对复活以往学术来说，斯多噶派、伊壁鸠鲁派、柏拉图派和毕达哥拉斯派已经无法重新获得人们的信任和权威了。鉴于这些派别的失败和衰落，要使人们保持对某种学说的盲目尊敬和顺从，一些新的派别就产生出来，企图得到一种凌驾于它们之上的优越地位。

关于艺术与科学的兴起和进步这个主题，我要讲的第三点来自观察的看法是，虽然培育这些高贵树木唯一适宜的苗圃是自由的国家制度，可是它们也可以移植到其他政治制度的国家里去；共和国对于科学的成长是最有益的，而一个文明的君主国对于文雅艺术的成长是最有益的。

要在一个大国家或社会里，靠一般的法律来保持社会的均衡，不论它实行的是君主制还是共和制，都是一件困难十分巨大的工作；不管某个人天资多么聪颖，也不能单靠理性和思维的力量做到这一点。这项工作必须结合许多人的判断，他们的努力必须由经验来指导，要使这项工作臻于完备还必须有时间。在最初的尝试和试验中，他们不可避免地会犯许多错误，而纠正这些错误必须习惯于种种不便。因此，这项工作似乎不可能在任何君主制下开始和得到发展，因为这样的统治形式，尽管可以是文明的，它所知道的秘密和政治手段也无非是委任各种官员或长官，给他们以无限的权力，以及把人民一层层划分为许多等级，把他们置于奴役人的秩序、规矩之下。在这种情况下，我们不能期待科学、文学艺术、法律会得到什么改进，人们的工艺和制造业也几乎得不到什么改进。在这种国家里，野蛮和愚昧（它们的政治统治就是从这里开始的）一直延续下来没有什么改变，靠不幸的奴隶们的努力和发明才能也绝不可能改变这种状况。

不过，法律作为一切安全和幸福的源泉，尽管它在任何政治统治下产生较晚，而且是秩序和自由缓慢进步的产物，但要保持它并不像产生它那样困难；一旦站稳了脚跟，它就是一株有顽强生命力的树木，几乎不会由于人们缺乏教养或一时的暴行就完全毁灭。建筑在精致的鉴赏力和情感之上的奢华艺术，甚至文学艺术，是容易消失的，因为它们永远只是少数人欣赏的东西，这些人有闲暇，又幸运，又有天赋，因而他们能享受这些娱乐。可是对一切人有用的、普通生活需要的东西，一旦为人们所发现发明，就几乎不可能埋没湮灭，只有在社会遭到野蛮入侵者洪水猛兽般蹂躏而全部崩溃那种情形，才会消灭先前有关技艺和礼仪的一切印记。模仿也能使那些比较粗糙却更为有用的技术易于从一个地方转移到另一个地方，并且使这些技术能先于精雅艺术得到进步；虽然从最早仿效和传播上说，或许它们会在精雅艺术之后。由于上述原因，最早由自由国家发明的政治艺术，可以由文明的君主国加以保持，因为这对保证君主和臣民的安全都有利。

这样看来，君主制形式无论怎样完善，甚至可以出些政治家，这种完善还是应当归功于共和制度；不能设想在野蛮民族里建立起来的纯粹专制主义，靠它本来的力量和能力就能改进和洗练它自身。它必须从自由的政府那里得到借鉴，才能建立它的法律、方法、制度，使自己得到稳定和秩序。这些利益都是靠共和国单独培育出来的。一个野蛮君主国范围广大的专制统治，由于贯穿渗透了这种制度的基本精神和种种细枝末节，就永远阻碍着所有这类进步。

在一个文明的君主国里，唯有君主在运用权力上不受限制，唯有他大权在握，除了习俗、实际事例和他本人的利益或兴趣而外，不受任何约束。每个大官或行政长官，不论如何突出，也必须服从治理整个社会的一般法律，必须按照规定的方式行使国王赋予他的权力。人民只是为了保证自己的财产安全，才需要依赖他们的统治权力。天高皇帝远，他们同君主之间没有什么个人之间的戒备提防和利益冲突，以致几乎没有感觉到对他的依赖。这样就产生了一种政府，对于这种政府，如果我们给它戴一顶政治大帽子，也可以把它叫作专制，但是如果恰当和谨慎些，就该承认它能在相当程度上保证人民的安全，能实现政治社会所要求的大多数目的。

但是，尽管在文明的君主国或在一个共和国里，人民都享有他们的财产安全，然而在这两种政治制度下，那些掌握最高权力的人手中都有许多大名大利的东西可以处置，它能激起人们的野心和贪欲。唯一的差别就在于：在共和国里，想往上爬的人必须眼睛向下才能得到人民的选票；而在君主国里，他们的注意力必须朝上，用讨好奉承来求得恩惠和大人物的宠爱。在前一条道路上想得到成功，一个人就必须靠自己的勤勉、能力和知识，使自己成为有用之才；在后一条道路上想得到荣华富贵，他就必须凭自己的机敏、谦顺和礼仪，使自己成为讨人喜欢的人。在共和国里，最能得到成功的是强有力的天才；在君主国里则是有优雅趣味的人。所以造成的结果是，前者比较自然地培育了科学，而后者比较自然地培育了文雅的艺术。

不必说，由于君主国的稳定首先要依仗对僧侣和贵族迷信般的尊敬，因而它通常都要扼杀理性的自由，推崇宗教和政治，以及形而上学和道德。所有这些也形成一大套学问。数学和自然哲学，是自由理性中唯一能允许保存下来的东西，却一点也得不到重视。

在交往谈话的艺术上，最叫人喜欢的莫过于相互致敬或恭谨有礼了，它使我们在对方面前抛开自己的意向爱好，克制和隐藏人心中非常自然的那种自以为是和傲慢。一个脾气好的人，如果受到良好教育，他会对所有人讲礼貌，用不着事先盘算一番，也不是为了什么好处。但为了使这种有价值的品质成为人们普遍具有的东西，似乎有必要用某些普遍的动机来辅助自然的素质。如果权力是从人民而来上升为巨大力量的，有如在一切共和国里的情形那样，那种谦恭优雅的礼仪就不会受到特别的重视；因为整个国家的人民由于上述原因在权力上近于平等，每个成员都在很大程度上彼此独立，人民由于有权参与政治而获益，由于地位优越而伟大。但是在一个文明的君主国里，从国王直到农夫之间有一连串的依赖关系，它虽然不足以使财产关系成为不确定的，也不足以使人民意气消沉，但是它还是足以在每个人身上产生一种取悦于比他地位高的人的倾向，并使他去仿效最善于讨有地位、有教养的人喜欢的那种人的榜样。因此，谦恭有礼的态度在君主国里和宫廷里产生是最自然不过的事；只要它繁盛起来，就不会忽视或轻视任何一种文学艺术。

欧洲各共和国现在被人指摘缺少礼仪风度。"一个瑞士人的礼仪到荷兰就开化了"（卢梭语），这是法国人的一个质朴说法。英国人在某种程度上也遭到同样的非议，尽管他们有学术和天才。如果说威尼斯人是这条法则的一个例外，那也许是由于他们同其他意大利人的交往所致；大多数意大利城市国家的政府都宁愿它们的臣民有一种奴性，而不愿他们在待人接物态度上有足够的开化。

对于古代共和国在这方面的文雅程度要下一个判断是很困难的，不过我猜测他们的交谈艺术并没有他们在写作和组织方面的艺术那么完善。古代演说家在许多场合讲刻薄的脏话很刺人耳目，使人难以置信。在那些时代的作家中，浮夸也常常受不到任何攻击[13]，放荡不拘、毫无节制成为他们的共同风度。"不管什么色鬼、老饕、赌棍都把他们的世袭家产挥霍于游乐、饮筵或寻花问柳之中"，萨鲁斯特在他的历史著作的一个最正经讲道德的地方写道[14]。"因为在海伦时代之前，一个小姑娘就是引起战争的最可怕的原因"，这是贺拉斯[15]在追溯善恶道德起源时的说法[16]。奥维德和卢克莱修[17]的放荡风度犹如罗彻斯特伯爵[18]，虽然前者是很好的上等人和优雅的作家，而后者是因为生活在宫廷里受到腐化，似乎丧失了一切羞耻和庄重。尤维纳利斯[19]以极大的热情谆谆教导人们要谦虚谨慎，可是如果我们看看他的言辞那样轻率，那他自己就提供了一个很坏的榜样。

我也敢于断言，在古人那里，还没有像我们在交往中不得不向人表示或假装表示出来的那么多文雅教养，也没有那么多礼数周到的尊敬问候之类的东西。西塞罗确实是他那个时代一位最好的文质彬彬的人物；尽管如此，我必须承认，在他把自己引入作为一名对话者的那些对话体著作里，他描写自己朋友阿提库斯[20]的那副可怜相，使我常常大为吃惊。这位既有学问又有美德的罗马人，虽然只是一位以个人名义从事活动的人物，他的庄严体面并不亚于罗马任何人，可是这里所描写的形象比起我们现代对话中斐拉雷特的朋友还要可怜可笑：他是演说家的一个卑躬屈膝的吹捧者，不时地向演说家致赞美之词，接受他的教诲，像一个学派中人对他导师那样称颂备至。甚至加图在对话《斐尼布斯》中也有某种不讲礼貌的态度。

　　我们知道古人一场有详尽细节的真实对话，那是波利比奥斯记述下来的[21]。当多才多艺的马其顿王腓力同最讲礼仪的提图斯·弗拉米尼努斯[22]会晤时，普鲁塔克[23]说，来自几乎所有希腊城市的使者都陪伴着他。埃托利亚的使者非常唐突地对国王说，他的讲话像一个蠢材，一个疯子（ληρετυ）；这位陛下答道："这是很明显的，连瞎子都看得出来。"这就是对瞎说八道的卓越讽刺。虽然如此，所有这些并没有越出通常范围，会谈也没受干扰，而弗拉米尼努斯也由于这些幽默的插曲感到很开心。到会谈快结束时，腓力请求留点时间同他的朋友商量商量，因为他们没有出席；这时这位罗马将军，如历史学家所说，因为也想显示一下自己的机智，就对他说，"为什么他没有让朋友们同他在一起呢？或许是因为他已经把他们全都杀掉了"；这就是当场实际发生的情形。这一粗野的无端攻击并没有受到历史学家的谴责，因为它并没有惹腓力生气，不过是勾起他冷笑了一下，或如我们通常所谓启齿一笑而已；也没有妨碍他第二天继续进行会谈。普鲁塔克在谈到弗拉米尼努斯的诙谐妙语时，也提到过这个故事[24]。

沃尔西大主教[25]在为自己有名的傲慢用语做辩解时说，Ego et rex meus（我和我的国王），这个表述方式是符合拉丁用语习惯的，一个罗马人总是把自己放在他的说话对象或要说到的人前面的。然而这似乎正是一个例证，说明罗马人缺乏礼貌。古人把这一点定为规矩，就是在言谈中必须把最受尊敬的人放在前面；这条规矩被强调到这种程度，以致当我们看到罗马人和埃托利亚人庆祝他们联军战胜马其顿的胜利，由于忌妒不和彼此发生一场争吵时，才出现一位诗人先说埃托利亚人功绩，然后才说到罗马人的情形。同样，由于这条规矩，莉维娅对梯伯利乌斯在一条铭文里把她的名字写在他前边很反感。

在这个世界上没有什么有益的东西是纯粹的，没有掺杂的。同样，现代的礼仪风度，在自然地趋于讲究修饰时，不免时常变为矫揉造作、繁文缛节、虚伪不实和令人作呕的东西；而古代的质朴自然显得亲切动人，却不免时常降为粗鲁辱骂，说些刻薄和淫秽的话语之类。

如果说讲究礼仪风度是现代的时尚，那么宫廷里和君主国里自然产生的豪华风流观念可能就是这类文雅修饰的起因。没有人否认这类发明是现代的[26]；但是有些热心崇古的人认为这是无聊的浮华，荒唐可笑，为此指责而不是信任当今的时代[27]。

大自然在一切生物的两性之间灌注了一种情感，它即使在最凶猛、最贪婪的动物那里也不仅是单纯肉欲的满足，而是产生着一种友好和相互依恋之情，这种感情延续于它们全部生活的行程中。还有，即使在这类动物里，只要自然把它们的交配欲望限制在某个季节、某一配偶上，在一对雌雄动物之间形成某种婚姻或结合形式，就能看到这里还有一种满足感和为对方效劳的举动，进一步就产生了雌雄间相互的温存和恩爱。这些在人身上表现出来的必定比它们要更多更甚，因为人类的性爱不像这些动物那样受自然的限制，只要偶然碰到某些强烈的诱惑，或者由于认为自己有这种义务和方便就能引起。因此，就没有什么比风流韵事之类激情更少使人反感的了。相比之下，它是最合乎自然的。在最优雅的宫廷里，艺术和教育并没有改变它，有如它并不改变其他一切可赞美的激情一样。它们只不过使人心更加专注于它，使它精致，使它洗练，使它温雅体面和善于表达。

风流韵事既可以是合乎自然的，也可以是豪爽豁达的。纠正会使我们对其他人犯下真正伤害罪过的种种恶德，是道德的任务，也是最普通的教育要做的事。如果不在一定程度上注意这件工作，人类社会就无法存在下去。不过为了交谈和人心之间的交流更容易和更使人乐于进行，还需要发明种种的方式方法，并加以改进。无论自然赋予我们心灵什么恶的倾向，或赋予什么能使别人感到喜欢的情感，精致的教养就会教导人们把这些天生的倾向对立起来，使它们引起的举止保持某种不同于自然天性的有情趣的外貌。因此，如果说我们通常都是骄傲和自私的，容易自以为比别人强，一个懂礼貌的人还是会在举止上尊重他的同伴，在社会上一切无关紧要的共同事务上服从大多数人的意见和行为。同样，如果一个人的地位会很自然地招来对他某些使人不快的怀疑，那么有好的姿态风度就能预防这类事情的发生；这就需要针对使他容易受人忌妒的地方，仔细研究怎样表示和展现自己的感情。老年人知道自己衰弱无力，很自然害怕年轻人对他们轻视；所以受到良好教育的青年格外注意多多向他们的长辈表示关心和敬重。陌生人和外来人缺少保护照料，所以在一切讲礼貌的国家里，他们受到最高的礼遇，在各种场合都要首先提到他们。一个人如果身为一家之主，他的客人就以一定方式尊重他的权威；所以他在聚会时就永远是一个最卑微的人，要关照每个人的需要，把一切麻烦事揽在自己身上，以便使客人感到愉快，这样做的时候他不能明显地流露出任何厌烦情绪，或者做得过分使他的客人感到拘束[28]。风流韵事同样是值得人们给予强烈注意的一个方面。由于自然赋予男子身心两方面更大的力量，使他们比女人优越，男子就应该在举止上豁达大度，认真细心地尊重和殷勤满足女人方面的一切爱好和意见。野蛮民族是靠把他们的女人贬为最低贱的奴婢，限制她们，鞭打她们，出卖她们，杀死她们，等等，来显示男人的优越地位的。但是在一个讲礼貌的民族里，男性是在一种更丰富多彩的、其明显程度毫不亚于前者的方式下，发现自己对妇女的权威的；这就要靠礼仪风度，对她们尊重，亲切温柔，等等，一句话，靠风流倜傥。在美好的聚会上，你不需要打听谁是酒席的主人。谁坐在最不显眼的位子上，总是忙于照顾每个人的，一定是主人。我们应当谴责所有浮华的虚伪的豪爽模样，容许诚恳实在的风流气度。古代俄国人娶妻时不用戒指，而是用一根鞭子；他们在家里待客时总是自己坐在上席，甚至在对待外国使臣时也那样。这两个事例说明他们在豁达大度和礼貌风度上是多么差劲。

风流韵事同智慧与谨慎也是可以相容的，其程度不亚于它能合乎自然和豪爽大度；只要遵循正当的规矩，它对青年男女之间的愉快交往和感情增进，比任何其他办法都更有益。在各种各样动物中，自然都把这些动物最甜蜜和最好的愉快享受，建筑在它们性爱的基础之上。但是单靠肉欲的满足是不足以使心灵喜悦的；甚至在残忍的野兽那里，我们也能看到它们的嬉戏，调情，以及别的一些讨对方欢心的表现方式。这些构成了它们彼此喜爱的接触过程的最大部分。在有理性的人类身上，我们必须承认心灵的活动占有更大的比重。如果我们把理性、谈话、同情心、友谊以及欢乐等等所有装饰我们心灵使它愉快的东西通通剥夺掉，那么也就不会剩下什么值得我们承认的东西，能使我们肯定真正的优雅和奢华。

有什么培养仪表风度的学校，会比同善良的女性在一起做伴更好的呢？在这里，彼此尽力使对方感到愉快，必能在不知不觉中使心灵优美；在这里，女性的温柔淑静，必能以其榜样的力量把它传递给它的赞美者；在这里，女性的精细、雅致使每个男子必须检点自己，以免做出任何不庄重的举止行为。

在古人那里，女人的美好品德被认为只是在家里才有的东西，从不认为它是属于礼仪世界或良好社交的事情。这或许就是古人为什么没有给我们留下什么有趣的优秀作品的真实原因所在（塞诺封的《饮宴篇》和琉善的《对话集》也许可以除外），虽说他们许多严肃的作品是无与伦比的。

贺拉斯指责普劳图斯[29]粗俗的挖苦嘲笑和无聊的诙谐戏谑，可是，尽管他是世上最流畅、最受欢迎和最有见地的一位作家，他自己在引别人发笑的讽刺才能方面是否就很突出或优秀呢？所以，要说文学艺术能从风流韵事和它得以首先兴起的宫廷里得到很大促进，这就是其中之一。

言归正传，现在我来谈谈关于本文主题即艺术与科学兴起和进步的第四点来自观察的看法吧。这就是在任何国家里当艺术和科学达到完美地步时，它们就自然地，或者毋宁说必然地要趋于衰落，而且在这个国家里它们很少甚至绝不能恢复往日的繁荣。

必须承认，这个道理虽然符合经验，乍看起来却像是不合理的。如果人类的自然才能在一切时代和几乎一切国家里都是一样的（这看来是真实的），那么在具备了各种艺术上可以用来规整鉴赏力，确立仿效榜样的典范时，这些天资必定会获得很大的进展和开发。古人留给我们的那些典范，两百年前就启发着所有的艺术，并使它们在欧洲各国都得到了重大的进步。可是，在图拉真[30]及其后继者统治的时期，这些典范为什么就没有起到类似的作用呢？那时它们更完整无缺，并且仍然受到整个罗马世界的赞扬和学习。直到查士丁尼皇帝[31]那么晚的时期，希腊人所知道的伟大诗人还是荷马，罗马人所知道的还是维吉尔，因为他们最优秀卓越。对于这些神圣天才的高度尊崇一直保持下来，虽说在许多世纪里出现过不少诗人，没有人敢说自己已经模仿到了他们。

一个人的天资总是在生活道路的开端就存在着的，不过当时他自己和别人都不认识。只是由于经常的尝试，伴随着成功，他才敢想他自己配做某些已经得到人们赞扬有所成就的人们所做的那些工作。要是在他本国已经有了许多雄辩的卓越典范，他会很自然地把自己的幼稚习作同这些典范加以比较，由于感到差距太大，就没有勇气再做进一步的探索，并且绝不敢同那些享有盛誉的作家比高低。高尚的竞争是一切卓越才能的源泉。尊崇和节制自然会消灭竞争；而且没有什么比过分的尊崇与节制对一个真正伟大的天才更有害的了。

再说竞争，高尚艺术最大的鼓舞者是赞美和光荣。一个作者在他听到世界上对他先前作品的赞扬之声时就灌注了活跃的生气；他为这种动力唤起，常常能达到某种完美的顶点，以至他本人和读者都感到惊奇。但是，如果荣誉的桂冠都已被人拿走了，他的最初尝试就只会遭到公众的冷遇；因为公众在比较作品时虽然认为两者本身都是相当优秀的，可他们由于已经有了一个树立好的光辉榜样而从中得到益处了。莫里哀和高乃依的早期作品在当时是很受欢迎的，但是如果放到现在这个时候来发表，这两位年轻诗人就会因公众的冷漠和轻视感到沮丧。只是因为时代的无知状况人们才接受了《李尔王》，不过我们能有摩尔人这个形象还得归功于先有了它[32]。要是《人人高兴》受到拒绝，我们就绝不会看到《狐狸》[33]。

任何国家要是从它们的邻邦引进过于完美的艺术，大概都不是什么有利的事情。这会扑灭竞争心，使有才华的年轻人热情消沉。那么多意大利名画带到英国来，没有激发我们的艺术家，反而成为他们在绘画艺术上进步甚微的原因。罗马人接受希腊艺术时发生的情况大概也是如此。在法语里，礼仪用语名目繁多，传播到全德意志和北欧，阻碍了这些民族发展他们自己的语言，并且使自己的语言一直依赖着他们邻邦这些优雅动听的东西。

确实古人在各种作品上都给我们留下了典范，它们是值得高度赞美的。不过，这些作品是用唯有有学识的人才能懂得的语言写出来的，而且我要说，把现代人的才智同那些生活在非常遥远的古代的作家相比，也是不那么完全恰当的。假如沃勒生在罗马提比略[34]统治的时代，在同贺拉斯的完美之作相比时，他的最初作品就会遭到蔑视。但是在我们这个岛国，罗马诗人的优越之点并没有因为英国诗人的名声而受到贬抑。我们在评价我们自己的诗歌时，认为在我们的风土人情和语言中能够产生一种对原先那么卓越的作品说来仅仅是模糊的副本，也就感到幸福和心满意足了。

一言以蔽之，艺术和科学，同某些植物一样，需要一块新鲜的土壤；无论土地多么富饶，也无论你怎样用技艺和细心来补充它，一旦地力耗尽，那它就再也不能产生出任何这类完善和完美的东西来了。

注释

1 查理·昆特（1500—1558），西班牙国王，称查理一世，在位时间为
   1516—1556 年。1519 年当选为神圣罗马帝国皇帝，又称查理五世。
   他从母系继承了西班牙及其领地那不勒斯王国、西西里、撒丁尼亚
   和美洲殖民地，从父系继承了奥地利、尼德兰等，并在战争中打败
   法国，夺取了米兰等地，又侵入美洲、北非，使西班牙成为地跨三
   洲的殖民大帝国。

2 亨利四世，1589—1610 年在位的法国波旁王朝国王。他实行宗教宽
   容政策，结束了长达三十年的内战，恢复经济，奖励工商业，使王
   权得到加强。他死后路易十三继位。

3 黎塞留，曾任首相，他严惩叛乱贵族，巩固了王权，促进了法国工
   商业发展，对外扩大了法国的势力。

4 路易十四，1643—1715 年在位，大力加强王权，厉行中央集权，加
   强国家机器，推行重商主义政策，促进海外贸易，发展资本主义经
   济，扩大殖民侵略，使法国在欧洲称霸一时。

5 腓力二世以下是继查理·昆特以后的几代西班牙国王。腓力二世狂妄
   专暴，用宗教裁判所压制反对者，没收富裕工商业家的财产，对外不
   断进行战争，兼并葡萄牙，在 1588 年远征英国时几乎全军覆没，从此
   西班牙海上霸权衰落，落到英国之手。他死后，西班牙日益衰落，到
   17 世纪西班牙在欧洲已经不占主要地位了。

6 奥维德（前 43—前 18），古罗马诗人。

7 见 Ovid，*Fasti* V15 – 6。——原注

8 见 Horace，*Epistles* Ⅱ. 2. 187。大意：多样的东西才能合成世界，有

此有彼，有黑有白。

9　塔西佗（约 55—约 120），古罗马历史学家。

10　十人团，在古罗马指由十人组成的政府委员会，如法规起草十人
　　团、身份审查十人团等。

11　逍遥学派即亚里士多德学派。

12　如果有人问，我们怎么能把上述幸福和富裕的原则同中国人的优良
　　文化协调起来呢？中国人一直由君主统治着，几乎从来没有形成一
　　种自由政府的观念。我想可以这样来答复：虽然中国政府是纯粹君
　　主制的，但确切地说，它不是绝对专制的。这是由于中国有如下的
　　特点：除了鞑靼人之外它没有什么邻国；对鞑靼人，中国由于建造
　　了著名的万里长城，还由于人口极多，在某种程度上还是有安全保
　　证的，至少看上去有安全感。因此，中国人总是非常忽视军事训
　　练，他们的常备军不过是些最差的国民军，无力镇压广大乡村中人
　　数极其众多的农民起义。因此，我们可以正确地认为，人民手中总
　　是握有武装，它是一种足以限制君权的力量，能迫使君主命令他的
　　官吏们或各级统治者必须按照一般法律准则行事，防止起义的发
　　生。我们从历史知道，在这种政府治理之下，起义是多么频繁
　　和危险。如果这种纯粹的君主政权能抵御外敌并能保持王权和
　　国家的稳定，以及民众集会的平和与自由，那么它也许就是一
　　个最好的政府了。——原注

13　这里不需要引证西塞罗或普林尼，提到他们已经过多了。但是人们
　　不免有点惊讶的是，阿里安这位很庄重得体的作家会突然打断自己
　　讲话的线索，告诉读者说，他由于雄辩成为希腊人里面最杰出的
　　人，就像亚历山大由于会打仗成了这样的人一样。（见 *Aoabasis* I.

12. 5）——原注

14　Sallust，*The War with Catiline* XIV. 2.

15　贺拉斯（公元前65—前8），古罗马诗人。

16　Horace，*Satires.* I. 3.

17　卢克莱修（约公元前98—前55），古罗马诗人，哲学家。这位诗人
　　（见《物性论》4卷第117行）向人推荐一种极为露骨的矫正性爱
　　的方法，任何人都不会想到这么优美的哲学诗篇里会有这样的描
　　写。斯威夫特博士等似乎就有这样的看法。优雅的卡图卢斯和斐德
　　鲁斯也受到同样的指责。

18　罗彻斯特伯爵（1647—1680），英国宫廷才子，诗人。是复辟时期
　　宫廷中最放荡的人，写有一些著名情诗和讽刺诗。

19　尤维纳利斯（约60—约140），罗马最有影响的一位讽刺诗人。

20　阿提库斯（公元前109—前32），罗马骑士，与西塞罗过从甚密。
　　休谟这里所指的西塞罗描写，见他的 *Tusculan Disputations* V. 4. 12：
　　"A：在我看来，美德似乎不足以使我们过一种幸福的生活。M：但
　　是，我包你相信我的朋友布鲁图斯认为美德足以使我们过幸福
　　生活，如果你允许的话，我要说他的判断远胜于你。"

21　波利比奥斯（约公元前200—约前120），希腊人，古代最伟大的历
　　史学家之一，以四十卷巨著《通史》闻名于世。这里记述的故事见
　　Polyius XVIII. 7.

22　提图斯·弗拉米尼努斯（约公元前227—前174），罗马将军，政
　　治家。

23　普鲁塔克（约46—120或127），罗马帝国时期的希腊传记作家，柏
　　拉图派哲学家。

24 见 Plutarch，*Titus Flaminus* XVII.2。

25 沃尔西（约1475—1530），英格兰枢机主教，政治家。

26 在泰伦提乌斯的诗剧《自责者》中，克里利阿斯回到城里时，不是他的情人在等待着他，而是派人把她找来。——原注

27 萨夫茨伯利伯爵语，见他的《道德家》。——原注

28 古代作家常常提到这类缺乏教养的习俗，如家庭的主人在餐桌上吃的面包、喝的酒比他给客人的要好，不过只作为那些时代礼仪规矩方面的一个无关紧要的标志。见 Juvenal，*Satire V*：*Pliny* XIV.13，以及 Pliny 的书信集，Lucian 的 *DeMercede conductis. Satura-nalia*，等等。现在欧洲任何地方几乎都不会容忍这样一种不文明的习俗了。——原注

29 普劳图斯（约公元前254—前184），古罗马著名喜剧作家。

30 图拉真（53—117），古罗马皇帝。

31 查士丁尼（483—565），拜占庭皇帝。

32 休谟这里指的是莎士比亚的《泰尔亲王佩里克利斯》《李尔王》《奥赛罗》，"摩尔人"，即剧中主人公奥赛罗。

33 《人人高兴》（1598年上演）是琼森的第一部喜剧作品，《狐狸》（1606）是他最成功的喜剧之一。

34 提比略（公元前42—公元37），古罗马皇帝（14—37）。

优雅而快乐的人

　　人类最高的技艺和勤奋所得到的产物，无论在其外表的美妙或其内在的价值上，都不能与自然产物的最高和谐相媲美，这对于人类的虚荣心来说，真是莫大的耻辱。技艺仅仅是在工匠手下的东西，被用来给那些出自大师之手的作品以些许修饰之笔。某些服装衣饰可能是由工匠绘制的，然而那最重要的人物形象，却是他不可企及的。技艺可以制作一套衣服，只有自然才能创造人。

　　我们发现，甚至在那些通常被称为技艺性工作的生产中，那最高贵的品种也要铭感自然的恩惠，因为它们主要的美来自大自然的力量和快乐的熏陶。诗人们天生的热情，是由他们在作品中所赞美的事物激发起来的。即使是最伟大的天才，一旦失去对自然的凭依，被抛到神圣的里拉[1]一边（因为自然并不公平），那么他仅从技艺的规则中，是毫无希望达到只有从自然的神灵启示才能产生的神圣和谐的。幻想的欢乐之流并没有给技艺的修饰和雕琢提供任何材料，它那虚幻的歌声是多么贫乏啊！

但是，人们却不断对技艺进行无效的尝试，这之中尤数一本正经的哲学家们所做的最为可笑，他们提出一种人造的幸福，并企图通过理性的规则以及通过沉思来使得我们快乐。波斯王色克塞斯曾允诺要向每一种新快乐的发明者颁奖，为什么他们之中没有人向他要求这种奖赏呢？莫非是：或许他们已经发明了太多的快乐以供自己之用，以至于他们鄙视富有，无须任何由最高统治者的恩赐所带来的享乐？甚至我会这样设想，他们并不乐意通过向波斯宫廷呈献这样一种新奇而又无用的可笑东西，来为它提供一种新的快乐。当仅限于理论和希腊学校里一本正经的演说中时，这种沉思才能在他们愚昧的弟子中激起赞美；然而只要试图把这种原则付诸实践，马上就会暴露出它们的荒谬。

你自称要通过理性以及通过技艺的规则使我幸福。那么，你就必须根据技艺的规则重新创造我。因为我的幸福须得依附在我最初的骨架结构中。但是要实现这一点，恐怕你还缺乏力量和技能。我不能接受这样的见解，认为自然的智慧低于你的。让自然去启动她如此贤明地构造的大自然机体吧，我觉得我只要一碰，就会毁坏它的。

出于什么样的目的，我要妄自去调整，斟酌或增补那些自然已经在我身上牢固树立的任何一个动机或原则呢？难道这就是通达幸福的必由之路吗？不过，幸福所包含的是舒适、满足、恬静和愉悦；而不是戒备、忧虑和劳累。我身体的健康在于它有完成一切行动计划的能力。肠胃消化食物，心脏循环血液，头脑把精神分类并将其提炼得精粹优雅。事实上，这一切都无须我自己的关注。如果我能够仅以我的意志就停止血液在血管中迅疾的奔流，那么，我也就能够企望改变我的思想观点与感情的进程。假如自然并没有使一件物体能够给我的感官带来快乐，而我却锻炼自己的能力，努力要从这一物体得到快乐，那是愚蠢的。通过这种无效的努力，我只能给自己带来痛苦，而绝不会得到任何快乐。

那么，抛弃所有那些无用的企图吧。什么在我们自身内创造我们自己的幸福啦，什么尽情欣赏我们自己的思想啦，什么满足于舒舒服服过日子的意识啦，什么鄙视来自客观外界的一切援助和一切供给啦，这全是出于傲慢的声音，而不是出于自然的声音。甚至，假如这种傲慢能够自持，能够表达一种真正的内在意愿，无论它是抑郁的还是剧烈的，那也很好。但是，这种软弱无能的傲慢除了控制外表，别无他用；它不遗余力地关心的只是虚构言辞以及支撑某种哲学的尊严，为着欺骗无知的群氓。在这种时候，由于缺乏情感的欢乐，心灵也就失去了自己对象的支持，堕入深深的悲哀与沮丧。悲惨而又劳苦的凡人啊，你的心灵在不超出其自身的范围内才是幸福的！它被赋予了什么样的才智去填满如此巨大的一个空间，并代替你一切肉体感觉和官能的位置呢？没有你的其他器官，请问你的头脑能够生存吗？在这种情况下，它必然制造出何等愚蠢的形象！什么也不干，只是永远地沉睡。进入这样一种昏睡，或是这样一种忧郁状态，一旦剥夺了外部的消遣和享乐，你的心灵必会沉沦。

因此，不要让我再处于这无情的压力之下吧。不要使我只限于我自己，而向我指出那些提供头等享乐的对象和乐事吧。且慢，为什么一定要请求你们这些骄傲而又无知的哲人，向我昭示通往幸福之途呢？还是请教一下我自己的情感和爱好吧。在它们之中我才能获悉自然的命令，这是在你肤浅的谈话中所得不到的。

看哪，正如我所希望的，神圣、亲切的欢乐（即卢克莱修所谓肉体的快乐），对于诸神和人类最高的爱，正向我走来。当她接近的时候，我炽热的心在跳动，所有的感官和所有的机能都沉浸在欢乐中；而她则把春天全部的花朵和秋天全部的果实一股脑儿倾倒在我的周围。她那悦耳的歌声伴着最轻柔的乐曲使我陶醉。同时，她邀请我去分享那些美味的佳果，它们喜气洋洋地放射着天地的光辉，她亲手将这些佳果馈赠给我。伴随着她的是欢闹的爱神丘比特，他一会儿鼓起香气扑鼻的双翼向我扇动，一会儿擎来芬芳馨人的油膏向我浇洒，一会儿端上泡沫飞溅的玉液琼浆向我奉献。哦！让我伸开四肢，永远躺在这称心如意的玫瑰床上，就这样，感受着这美妙的时刻以轻盈的脚步向前流逝。然而，残酷的时机啊！你这样快地飞向何方？为什么我那强烈的希望，以及你吃力地肩负的那满载欢乐的重担，非但没有延缓反而加速了你毫不松懈的脚步？在寻找幸福的一番劳苦之后，容许我享受这温柔的静憩吧。在经历了如此漫长、如此愚蠢的禁欲痛苦之后，容许我饱享这精美的佳肴吧。

可是办不到。玫瑰失去了它们的色彩，佳果失去了它们的风味，前不久还曾如此愉快地以它的气味陶醉着我的全部感官的芬芳美酒，现在再去引诱那已经厌腻了的口味，已是徒劳。欢乐在讥笑我的消沉。她在召唤她的姐妹德行来帮忙。欢愉，这嬉戏的德行听到了召唤，就把我那些快活的朋友们全部带了来。欢迎啊，我最亲爱的同伴，非常欢迎你们来到这浓荫之下的居室，来到这丰盛的宴席。你们的出现使玫瑰恢复了色彩，使佳果恢复了美味。生气勃勃的美酒的雾气现在重又缭绕在我的心头；你神采奕奕，分享着我的快乐，看得出，你的愉快来自我的幸福与满足。我从你的爱好中得到了爱好；你令人愉快的出现鼓舞着我，将使我重新恢复感官的享受，我的感官在这过分的享乐中已得到了充分的满足；然而心灵却跟不上肉体的步伐，也并没有去代替她那过分受苦受累的伙伴。

　　我们愉快的谈话，比正式的学派论证更容易启迪真正的智慧。我们亲密友好的交往，比政治家和自封的爱国者们空洞的辩论更容易展现真正的美德。不要对过去耿耿于怀，也不要对未来忐忑不安，让我们安享眼前的幸福吧，在这有生之年，我们只需牢记那死亡或命运的力量还无法顾及的现世利益。明天将带着明天的快乐来临；一旦明天使我们天真的希望落空，我们至少可以享受到今朝有酒今朝醉的快乐。

　　假如酒神巴克斯和追随他的那些狂欢者们，用野蛮的喊叫打断我们的娱乐，并以他们狂乱、喧闹的欢情来搅扰我们，那么，请不要害怕，我的朋友。活泼的缪斯们已在周围守候；她们富于魅力的美妙乐音，足以使荒郊野漠的豺狼虎豹变得温驯，并把温柔的欢乐注入它们的心田。在这隐蔽场所的庇护下，只有安宁、融洽与和谐；除了我们婉转的歌声和我们友好交谈的欢声笑语，这儿的寂静从不曾被打破。

　　但是听啊！缪斯的宠儿，豪侠的第蒙[2] 折断了里拉；而且，当他以自己那更加悦耳的歌声为和谐的乐曲伴唱时，我们就被他那与歌声同样欢快奔放的想象力所鼓舞，他自己也深深地为之激动。他唱道："你这快乐的年轻人，你这上帝的宠儿，当花草繁茂的春天把她全部艳丽的春光倾泻在你头上时，不要让荣誉以她虚妄的光彩诱惑了你，使你在这个美妙的季节、人生的全盛时期，发生意外或危险。智慧向你指出了快乐之路，自然也在召唤，要你跟她走上铺满鲜花的坦途。对于她们威严的呼声，难道你能充耳不闻吗？面对她们温柔的诱惑，难道你能无动于衷吗？哦，虚幻的人生啊！就这样，失去你青春的年华；就这样，抛弃这宝贵的时光，轻视那易逝的福祉。好好考虑一下你的补偿吧。那如此引诱你高傲之心的荣誉，那诱惑你孤芳自赏的荣誉，它不过是一个回声，一个梦，甚至是一个梦的幻影，一点小风就会把它驱散，愚昧无知的群氓呼出一口气就会使它消失。你倒不必害怕死亡会把它夺去。但是看哪！当你还活着的时候，诽谤却会把它从你那儿夺走；无知也会怠慢它；自然并未享有它；唯有想象力放弃了所有的欢乐，来接受这像它自己一样空洞无依、虚无缥缈的报偿。"

　　时光在不知不觉中流逝，她飘忽不定地带着各种感官的快乐，以及各式各样和谐与友谊的乐趣。纯洁带着含情脉脉的微笑，走近这前进的行列；当她出现在我们眼前时，竟使我们神情恍惚，销魂夺魄。她美化了全部的景象，并使欢快的场面达到了狂喜的境地，即使这些欢乐已从我们眼前逝去，仍令人觉得她们还像刚才一样，正笑容满面地向我们走来。

　　然而，太阳已经落到地平线下面去了；静悄悄地包围我们的黑暗，此时已用它无垠的夜色笼罩了整个大自然。"欢庆吧，我的朋友们，继续你们的盛宴，或把它变为温柔的静憩。虽然我不在场，但你们的快乐与安宁也就是我的快乐与安宁。"但是，你往何处去？难道有什么新的快乐会把你从我们的交往中唤去？难道有什么离开了这些朋友们，你还会有什么惬意？没有我们参加，你还能有什么愉快？"是的，我的朋友们，我现在所追求的快乐，就不容许你们分享。只有在这里，我希望你们不在场；也只有在这里，我才能为失去同你们交往找到一个充分的补偿。"

不过，我并没有穿过这密林的浓荫向前走多远，它以重重黑暗包围着我，然而透过黑暗，我想我是看到了可爱的塞丽娅[3]，我的希望，我的心上人。她正急切地在树丛中徘徊，等待着约会的时间，默默无声地责备我迟到的脚步。但是，她从我的出现所得到的快乐，是对我的歉意最大的宽恕。驱散一切焦虑和怄气的念头吧，空出坦荡的心胸，不为别的，只为我们共同的快乐与销魂。我的美人，用什么样的语言，才能表达我的柔情，或描述那此刻正使我的内心激动万分的情感！要描述我的爱情，语言是太无力了；而如果，啊！你在你自己身上感觉不到这同样的激情，我就是竭力把它的确切观念转达给你也是徒劳。但是你的每一句话和每一个动作都足以消除这疑虑；而且当它们表达了你的感情时，也足以使我钟情了。这种隐居，这种静谧，这种黑暗，是多么亲切啊！现在，没有什么东西来搅扰这已被陶醉的灵魂。思想、感官除了全部充满我们共同的幸福，再没有任何别的东西。这幸福的思想、感觉完全地占有了心灵，并传递着一种愉快，

68

这种愉快是受骗的凡夫俗子们在任何其他的享受中所找不到的。

　　但是，为什么泪水沐浴着你鲜红的面颊，你的内心在沉重地叹息呢？为什么用这样徒然的忧虑来烦扰你的情感呢？为什么你总是问我，我的爱情还将持续多久？啊！我的塞丽娅，我能解答这个问题吗？我怎么能知道我的生命还将持续多久？而这也会打扰你温柔的心绪吗？是不是我们孱弱会死之人的幻梦总是呈现于你，使你最快活的时光变得沮丧，甚至伤害那些由爱情唤起的欢乐呢？倒不如这样考虑，如果说生命是易逝的，青春是短暂的，那我们就应该更好地使用眼前的时光，一点儿也不要错过那易朽的肉身所应享有的福祉。只一会儿工夫，这些就将不复存在了。我们及时行乐吧，就像我们从未享受过一样。人们对我们的记忆不会总是留在地球上的，甚至传说中的地下幽灵也不会为我们提供寓所。我们无效的担忧，我们徒劳的计划，我们靠不住的推测，将都被耗尽并失去。我们现存的有关万事万物始因的疑问，啊！必将永远得不到解答。只有这一点我们可以确信，即，如果有任何至高无上的主宰精神在统辖，那么他必然会高兴地看着我们达到我们生命的终点，并安享这一快乐，我们被创造出来仅仅是为了他。让这种想法给你忧虑的思想带来宽慰吧；不过，通过经常地细细品味这一想法，也不会使你的快乐太甚。为了无限地放纵爱情和欢乐，消除一切愚昧迷信的顾虑，只要懂得这种哲学就足够了。但是，我的美人，当青春和恋爱激起我们热切的情欲时，我们必然会在这爱情的拥抱中，找到更为快乐的话题。

注释

1　里拉，古希腊的一种七弦竖琴。

2　第蒙，16 世纪伊丽莎白女王的乐师，作曲家。

3　塞丽娅，英国诗人斯潘色诗中提到的女神，她有三个儿子，分别代表信仰、希望和博爱。

注重行为和德行的人

　　大自然在对待人类和对待其他动物方面有多么明显而重大的不同啊。它赋予前者一种崇高神圣的精神，让他们具有和最高存在者一样的特性，大自然不允许这些高贵的品质白白浪费，而是根据必然法则驱策人们处处最大限度发挥他们的技艺与勤劳。兽类有很多必需品是靠大自然提供的，它们的衣着、武装都来自这位万物的慈父：凡是需要它们自己努力的地方，大自然靠注入本能而给予了它们这种技巧，根据大自然正确无误的命令指导它们谋生。可是人，却是赤身露体、两手空空地来到这无情的世界，依靠父母的关切操劳才逐步摆脱无助状态，凭借自己的奋斗与警惕，得以生长成熟，这才仅仅获得了生存的能力。一切都是用技艺和劳动换来的；大自然只供给了粗糙原始的材料，人们通过顽强进取和富于智慧的工作才使得它们从毛坯变成了对人类有用和便利的东西。

啊，人啊！知识，这是大自然的礼物；因为它给予了你获得一切必需的智慧。但是绝不能在所谓"感激"的名义下，满足于大自然的馈赠而沉溺于怠惰无为之中。难道你愿意返回到那样的生活：以草为食、以天为屋、用石头棍棒为武器抵御贪婪的野兽？那就是返回野蛮状态，返回可悲的迷信，返回野蛮的无知，使自己堕落到比你所赞叹和愚蠢地模仿的那些动物的状况更低下的地步。

慈父般的大自然给了你技艺和智慧，它让这个世界充满了能够发挥这些才能的原料。听一听它的声音，它清清楚楚地告诉你，你自己也应当是你努力的对象，只有凭借技艺与专心致志，你才能获得必要的能力，把自己提高到宇宙中适当的位置上来。看看这位工匠吧，他把一块粗糙的不成样子的矿石变成贵重的金属，然后用他那灵巧的双手把金属铸成模子，奇迹般地制造出各种防卫的武器和便利的用具。他这种技艺并非天生：是实践教会了他；假如你也想要得到这样的成功，你就必须追随他那辛劳的足迹。

然而，当你一心巴望着施展你身体的力量和机能时，你岂不是可耻地荒废了你的心灵？出于愚不可及的懒惰而让心灵仍像当初来自大自然之手时一样的蒙昧粗鄙、毫无教养？

每一个理性的存在者都不应如此蠢笨和疏忽。假如大自然在才能和天赋方面并不丰富，那么这就更需要人工以弥补其不足。假如她始终慷慨大方，晓得她还是要指望我们的努力勤勉，那么她就会按照我们轻率负恩的程度而施加报复。最肥沃的土壤，当其未经耕耘之时，不能为它懒惰的主人长出葡萄和橄榄以提供愉悦和受用，只能充斥着最可厌的杂草。最富有的天才也是如此，当它未经教化时只能产生最恶劣的毒害。

　　一切人类努力的伟大目标在于获得幸福。为此目的，爱国者和立法者们发明了技艺，培育了科学，制定了法律，建造了社会。即使是那些风餐露宿、茹毛饮血的孤寂的野蛮人，也须臾不曾忘记这个伟大的目标。虽然他对人生的技艺一无所知，但是他也能把这些技艺的目的记在心上，在笼罩他的黑暗之中渴求着幸运。最粗鄙的野人，比起那些在法律保护下享受着人类劳动所发明的种种便利的优雅的公民，相差是那么悬殊；但是，这些公民自己比起那些有德之士、比起那些真正的哲学家，相差也是同样巨大。有德之士、真正的哲人，能够支配自己的欲望，控制自己的激情，根据理性而学会对各种职业和享受确立正确的评价。是不是因为有一种为了获得任何其他成就所必需的艺术和训练呢？难道不存在指导我们从事这一基本任务的生活艺术、规则和方案吗？离开了技艺我们就不能达到任何满足吗？没有反思和理智，依靠欲望和本能的盲目指引，一切就无法调整吗？的确，在这桩事上是不能犯错误的；然而每个人，不管他多么堕落和疏忽，都是用一种正确无误的动机追求幸福，就像我们所看到的那些天体，由全能之神的指引而在苍茫的太空运行。不过，假如错误常常是在所难免，那就让我们记住它们，探究它们的原因，权衡它们的分量，寻求对它们的补救。当我们根据这一点确立我们的行为准则时，我们就成为哲人。当我们将这些准则付诸实践时，我们就成为贤者。

正如许多雇来组装机器的轮子和弹簧的下级工匠，他们擅长各种生活的专门技艺，而贤者则是工长，他把各个部分装合在一起，让它们按照正确的协调与比例运转，作为这种协同秩序的产物，他造就出真正的幸福。

当其在你心中有了这么迷人的目标时，为达此目标所必需的劳作与关注还会是沉重难堪的吗？要知道，正是劳动本身构成了你追求的幸福的主要因素，任何不是靠辛勤努力而获得的享受，很快就会变得枯燥无聊、索然无味。请看那些勇敢的猎人吧，他们离开温柔的卧榻，挣脱惺忪的睡意，当曙光女神还没有把她火焰般的大幕布满天空之际，就匆匆冲入了森林。他们听任那些使自己受到致命伤害的各种野兽留在家中，留在邻近的旷野之上，尽管这些野兽的肉味，堪称佳肴。勤劳者鄙视这种唾手可得的东西。他要搜寻一只活物，一只能躲避他搜索、逃过他追踪、抗御他进犯的活野兽。在这种追猎中，他激发了心灵的每一种激情，动员起全身的每一个部分，因而他感到了休息的惬意，高兴地把这种快乐比作那引人入胜的劳动的快乐。

即使在追捕最无价值而又常常漏网的猎物时，生气勃勃的努力不也能给我们快乐吗？那么，我们为什么不能用同样的努力来从事陶冶心灵、节制情感、开拓理性这种更美好的工作呢？当我们感到自己每天都在进步、发现自己内心深处日益充满新的灿烂的光辉，难道不会更加快乐吗？要着手医治你自己的昏沉怠惰，事情并不困难：你只需尝到一次诚实劳动的甜头就行了。要从事学会正确地评价每一桩事体，并不需要长期钻研。你只需比较一下心灵与肉体、德行与幸运、荣誉与快乐，哪怕比一次就够了。这样，你就会体会到勤勉的意义；这样，你就会认识到什么才是你努力的恰当目标。

从玫瑰床上你寻不到安眠，从美酒佳肴中你得不到快乐。你的怠惰会使人困乏，你的快乐将令人作呕。没有蒙受教诲的心灵会发现每一件可爱的事物都那么无聊可厌；还在你那满是邪恶怪癖的身体苦于恶病缠身之前，你身上比较高贵的部分就会感到毒素的侵蚀，你会徒劳地寻求新鲜刺激以重新麻醉自己，但这仍然只能更加重那不可救药的悲哀。

我用不着告诉你，倘若你一味追求快乐，只会越来越承受运气和偶然性的摆布，屈从于外物的支配，这样，一件不测之事就可能突然夺走你的一切。我可以假定你福星高照，命运赐予你安享富贵荣华。我要向你证明的是，即使在你最奢侈的享乐中，你也并不幸福；另外，生活过于放纵，你就无法享受命运允许你所有的快乐。

但确切无疑的是，运气的捉摸不定是一件不容无视或忽略的事情。幸福不可能存在于没有安全的地方，而安全也不可能有听凭运气主宰的余地。即使反复无常的神明并不向你勃发怒气，但是他的恐怖依然会折磨你，让你寝食不宁、提心吊胆，在最美好的盛宴上也垂头丧气、沮丧万分。

智慧的殿堂坐落在磐石之上，它高出一切争端的怒火，隔绝所有世俗的怨气。雷声滚滚，在它脚下轰鸣；对于那些狠毒残暴的人间凶器，它是高不可及。贤哲呼吸着清澈的空气，怀着欣慰而怜悯的心情，俯视着芸芸众生：这些充满谬见的人们，正盲目地探寻着人生的真正道路，为了真正的幸运而追求着财富、地位、名誉或权力。贤哲看到，大多数人在他们盲目推崇的愿望前陷入了失望：有些人悲叹于曾经一度占有了他们意欲的对象被多忌的命运夺走；所有的人都在抱怨，即使他们的愿望得到满足或是他们骚乱的心灵的热望得到安慰，它们也终究不能给人带来幸福。

然而，这是不是说贤哲就总是保持着这种哲学的冷漠，满足于悲悼人类的苦难而从不使自己致力解除他们的不幸呢？这是不是说他就永是滥用这种严肃的智慧，以清高自命，自以为超脱于人类的灾祸，事实上却冷酷麻木而对人类与社会的利益漠不关心呢？不，他懂得，在这种阴郁的冷漠中，既没有真正的智慧，也没有真正的幸福。对社会深沉的爱强烈地吸引着他，他无法压下这种那么美好、那么自然、那么善良的倾向。甚至当他沉浸于泪水之中，悲叹于他的同胞、家国和友人的苦难，无力挽救而只能用同情给予慰藉之时，他仍然豁达大度，胸襟宽广，超乎这种纵情悲苦而镇定如常。这种人道的情感是那么动人，它们照亮了每一张愁苦的脸庞，就像那照射在阴云与密雨之上的红日给它们染上了自然界中最辉煌的色彩一样。

　　但是，并非只有在这里，社会美德才显示了它们的精神。不论你把它们与什么相混合，它们都依然能占据上风。正像悲哀困苦压制不住，同样，肉体的欢乐也掩盖不了。无论恋爱的快乐是何等销魂，它不能消除同情与仁爱的宽厚情感。它们最重要的感染力正是源于这种仁慈的感情；而当那些享乐单独出现时，只能使那不幸的心灵深感困倦无聊。请看这位快活的浪荡子弟，他宣称除了美酒佳肴，他瞧不起其他一切享受。如果我们把他与同伴分开，就像把一颗火星在趁它尚未投向大火之前与火焰分开，那么，他的敏捷快活顿时便会消失；虽然各种山珍海味环绕四周，但是他会讨厌这种华美的筵席，而宁肯去从事最抽象的研读与思辨，感到更为可心适意。

　　然而，一旦这种社会的激情摆脱了尘世的万物，本身与善良的情感联在一起，从而激励我们去从事那些高尚美好的行动，那么它们就提供了最为令人心荡神怡的快乐；或者是在上帝和人的眼中显现出最为荣光的风采。正好像协调的色彩能靠它们谐和的匹配而交相辉映、倍显光辉，人心中的高贵情感也是如此。看一看父母的仁爱之心中大自然的伟大成就吧！当一个人为其子孙的幸运和德行而满怀欢欣的时候，当一个人甘冒最可怕、最巨大的危险而支持他的子孙的时候，什么样自私的情感、什么样感官的快乐能与之相比？

在继续使仁慈的情感升华的过程中，你还会加倍赞美它灿烂的光荣。在心灵的和谐中，在相互尊重和感谢的友谊中，有着多么美妙的魅力啊！在帮助不幸者时，在安慰忧伤者时，在教育堕落者时，在中止残酷的命运或无情的人们对善行与德行的侮辱行为时，能得到多么大的满足啊！然而，当我们通过美德的示范或明哲的劝诫，使我们的同胞学会了控制自己的情感、改造自己的劣行、征服隐藏在内心深处的最凶恶的敌人，因而战胜了罪恶，一如它战胜了悲苦，那种快乐又该是怎样的更加崇高啊！

但是，这些目标仍是太受人类心灵的局限了。人心来自天上，它自夸为是最神圣的，具有最广大的仁爱，并且把它的注意力超越它的亲朋故旧，而把它慈爱的愿望扩展到最遥远的后世子孙。它把自由和法律看作人类幸福的源泉，并积极地保卫它们，坚持它们。当我们为了公众的幸福而蔑视辛劳、危险和死亡时，当我们为了国家的利益献出生命从而使生命变得崇高时，辛劳、危险，还有死亡本身，便都会显得美好而动人。这样的人是幸福的，慷慨的命运允许他把来自天性的东西献给美德，使那种不然就会被残酷的贫困夺走的东西成为珍贵的礼物。

在真正的贤者和爱国者那里，凡是能表现人性或是能把会死的人提高到像神一样的事物都是互相联系的。最柔和的慈爱、最无畏的坚毅、最温厚的情感、对德行的最崇高的热爱，所有这一切都成功地使他震颤的心房充满生气和力量。当一个人反省内心，发现那些最骚乱的激情都已经变为正确的、和谐的，发现各种刺耳的杂音都已经从迷人的音乐中消失，那该是何等的欣慰！假如说沉思是如此可爱，即令就其单调的美而言；假如说它夺人心魄，即使当它最美好的形式对我们不相适合；那么，道德美的效果又必将如何？当它装饰我们自己的心灵，成为我们自己反思和努力的结果之时，它又将具有如何的影响？

但是，德行的酬劳在何处？我们常常为它付出了生命和幸福的代价，大自然又为这种如此重大的牺牲提供了什么作为报答？哦，大地之子啊，难道你们不知道这位圣洁的女王的尊贵吗？当你们目睹她迷人的丰姿和纯正的光辉时，莫非还真的想要她一份嫁妆吗？不过我们要知道，大自然对人类的弱点一向是宽容谅解的。她从来不会让她宠幸的孩子一无所获，她为德行提供了最丰厚的嫁妆；然而她小心提防，免得让利益的诱惑引起那些求爱者的兴趣，而这些求爱者对如此神圣超绝的美的朴素的价值其实是漠不关心的。大自然非常聪明，她所提供的嫁妆只有在那些业已热爱德行、心向往之的人们眼中才具有吸引力。荣誉就是德行的嫁妆，就是正当辛劳的甘美报酬，就是加于廉洁无私的爱国者那思虑深重的头上或是胜利的勇士那饱历风霜的面庞之上的胜利桂冠。有德之士靠着这种无比崇高的奖赏的提携，蔑视一切享乐的诱惑和一切危险的恐吓。当他想到死亡仅只能支配他的一部分时，就连死亡本身也失去了它的恐怖。不论是死亡还是时间，不论是自然力量的强暴还是人事升沉的无定，他确信在一切人之子中他会享有不朽的名声。

一定有一个支配宇宙的存在者，他用无限的智慧和力量，使互不调和的因素纳入正义的秩序和比例。且让那些好思辨的人们去争论吧，去争论这位仁慈的存在者究竟把他的关注扩展到多远的地方，去争论他为了给德行以正确的酬劳并让德行获得全胜，是否让我们在死后还继续存在。有德之士无须对这些暧昧的问题做任何抉择，他满意于万物的最高主宰向他指明的那些嫁妆。他无比感激地收下为他备下的进一步的酬赏；然而如果遭受了挫折，他并不认为美德就只是徒具虚名；相反，他正是把美德视为自己的报偿，他欣喜地感受到造物主的宽宏大量，因为是造物主让他得以生存，并赋予了他这样的机会，从而学会了极为宝贵的一种自制。

沉思和献身哲学的人

　　据某些哲学家看来，令人惊异的事情是，虽然全人类都具有同样的本性，并被赋予了同样的才能，但是他们的追求和爱好，竟有天壤之别；而且，人们竟然还拼命谴责他人所天真地追求的东西。据另一些哲学家看来，更令人惊异的事情是，同一个人在不同的时间竟然判若两人；在拥有了财产之后，竟会以轻蔑的态度抛弃以前所立的一切誓约的夙愿。我认为，在人类的行为中，这种冷热无常和摇摆不定似乎是完全不可避免的；即使是一个本应沉思上帝和上帝作品的理性灵魂，当他沉迷在肉体快乐或俗人热衷的卑贱消遣中时，也不可能享有安宁或满足。上帝是极乐和天福的无边大海，人类的心灵是涓涓小溪，它们最初由大海所生，经历了曲曲折折的漫游，仍企图复归大海的怀抱，并把自己融化在至善的无限之中。当这种自然的进程被恶或愚行所阻止时，它们就变得狂暴而激怒；终于增涨为滚滚洪流，把恐怖蔓延开来，使邻近的原野遭到无情的劫掠。

每一个人都以华丽的言辞和激昂的腔调吹嘘他自己所追求的东西，并请求轻信的人们效仿他的一套生活方式，这是枉费心机。他的内心与外表并不一致，因为即使在获得最大的成功时，他也能敏锐地感觉到，那一切的快乐由于脱离真正的对象，而含有不能令人满意的性质。我细查那享乐前的骄奢淫逸之徒；我估量着他的情欲的强烈，以及他的对象的价值；我发现，他的一切幸福仅仅出自思想的骚动，这种骚动使他飘飘然，并改变了他负罪和痛苦的看法。之后，我端详了他一会儿；现在他已经享受过了他曾轻率地追求的快乐，负罪和痛苦的感觉带着加倍的苦恼重又回到他的身上：恐惧和悔恨折磨着他的心灵；憎恶和厌腻压抑着他的肉体。

但是，在我们对人类行为苛刻的责难面前，一个更为尊严的、至少是更为崇高的人物，大胆地站了出来；而且，以哲学家和道德人士的资格，表示甘受最严峻的考验。他以虽然隐瞒着但仍明显的急躁态度，非要使我们对他称颂赞美不可；由于我们在对他的德行爆发出赞美之前犹豫了片刻，他似乎被触怒了。看到他这样急躁，我更加犹豫了；我开始检查他那表面德行的动机。不料，看哪！在我能够进行这种探究之前，他却从我眼前突然避开了，而去向漫不经心的一大群听众发表演说，梦想以自己动人的主张去欺骗他们。

哦，哲学家！你的聪明是徒劳的，你的德行是无用的。你追求人们无知的喝彩，而不是你自己良心上可靠的见解，或是更为可靠的上帝的认可，他那洞察万物的目光，可以穿透整个宇宙。你其实只有自诩正直的虚伪的意识，却自称为一个公民，一个国民，一个朋友。你忘记了你那高高在上的主宰，你真正的父亲，你最大的恩人。哪里有对于至善的崇敬，哪里的万物才能达于健全、荣贵！你的创造者使你从无中诞生，把你安置在与你的同类们的所有这些关系之中，并且要求你对每一种关系尽其职责，不允许你在他面前玩忽职守，通过最牢固的纽带使你系身于他这最完美的存在——对于这样的创造者，你的感激又何在呢？

相反，你自己把自己作为偶像，你向你假想中的至善顶礼膜拜；甚而至于，即使觉察到自己真正的不完善，你也只是企图诓世欺人，并企图通过多拉几个无知的赞赏者，使你的空想得到满足。这样，由于妄想成为宇宙中的佼佼者，你竟想去做最邪恶、卑鄙的事情。

仔细想一想人类所支配的一切工作，人类具有如此精密分辨力的智能所做出的一切创造，你将发现，最完美的作品还是要出自最完美的思想。当我们对一尊健美雕像匀称感人的神采或一座宏伟大厦稳静优雅的对称美大加赞赏时，我们所称颂的仅仅是它的精神。雕塑家，建筑师，同他们的作品一样是看得见的，他们能够从一大堆不成形的材料中，提取出如此高妙的表现方式和比例，他们的技艺和设计所表现出来的美，足以使我们沉思。当你要求我们在你的行为举止中，仔细考虑感情的和谐、情趣的崇高，以及所有那些最值得我们注意的精神的魅力时，对于这种思想和智力的较高的美，你自己也是承认的。然而，为什么你又突然止步不前了呢？你没有进一步看到任何更为有价值的东西吗？你已经对于美与秩序做出热烈的称道了，你怎么还不知道上哪儿去寻找最完善的美与最理想的秩序呢？比较一下技艺的工作与自然的工作吧，前者仅仅是后者的摹写、较为逼真的技艺更接近自然，它所受到的评价也就更高。但是，即使在技艺同自然极为接近的情况下，两者还是相去甚远，我们可以看到，它们之间仍有一个多么巨大的间隔。技艺摹写的仅仅是自然的外表，脱离开实质和更为美妙的源泉和根本；因为自然大大超出了她的模仿力，也大大超出了她的理解力。技艺摹写的仅仅是自然在瞬间的产品，至于要达到造物主高明的工作赋予自然原型的那种惊人的壮观宏伟，技艺是望尘莫及的。我们怎能如此蒙昧，以至于在宇宙精巧、瑰玮的设计中，竟没有发现那隐含在其中的智慧和构思？我们怎能如此愚蠢，以至于在冥想着明智的上帝那无限的慈善与贤明时，竟感觉不到崇拜和敬慕的激情中那种最热烈的狂喜？

确实，最完美的幸福，必出自对最完美的对象的沉思。哪里有可以同宇宙之类相比的美啊？哪里有可以同上帝的仁慈公正之德相比的德行啊？假如说有什么事物会削弱这种沉思的意向，那必然要么是由于我们才疏量浅，这使我们看不到美和完善的最根本要素；要么是由于我们缺乏生活，这使我们没有充分的时间去领教那些要素。然而，假如我们使分配给我们的才能运用得当，那么这些才能将在另一种生活状态中得到发挥，从而使我们成为我们伟大创造主的更相称的崇拜者。而那永远不能最终完成的工作，将会成为永恒的事业，这就是我们的安慰。

人性的高贵与卑劣

在学术界里有些派别是隐秘地形成的，这同政治派别的形成相似。这些学派虽然有时同主张别种看法的人并不公开冲突，却把他们的思想方式扭到另一方向。这类学派里最引人注目的，是那些对人性高贵问题有不同感受，把自己学说建立在这些不同感受之上的派别；似乎正是在这一点上，划分了有史以来直到如今的哲学家、诗人和神学家。有些人把我们人类捧到天上，把人描绘成半神半人的东西，说人类源出于上天，在世代相传中仍然保留着明显的印记。另一些人则坚持主张人性愚昧，认为人类除了虚夸就没有什么优于别的动物之处，他们对人类所能感受到的只是非常可鄙而已。如果一位作家具有修辞和雄辩的才华，通常他参加前者的行列；要是他的才华在于讽刺和嘲笑，他就自然地投身于另一极端。

我不认为所有贬低我们人类的人都是美德的敌人，也不认为他们在揭露他们同胞的缺点时都怀有恶意。相反，我意识到某种道德上的敏锐感觉，尤其在伴随着爱发脾气的性格时，是很容易使一个人对世界抱嫌恶态度的，也很容易使他们对通常的种种人世经历产生过多的愤愤不平。不过尽管如此，我还得承认，那些倾向于喜爱人类的人的感受，比起告诉我们人性卑不足道的相反看法，对于美德要更为有益。如果一个人对他生就的地位和品质预先有一种高度的评价，他就会自然地努力用行动去达到它，会责备做卑劣或罪恶的事情，认为这会使他堕落，达不到他在想象中为自己设定的形象。所以我们看到，我们的全部礼仪和流行的道德学说都坚持这种看法，都致力说明罪恶是人所不屑为的，它本身就是可憎的。

我们发现，很少有什么争论不是由于表述上的某种含糊其词引起；而我现在要讨论的关于人性是高贵还是卑劣的问题，看来也不过是其中的一例而已。所以，在这个争辩中，考察一下什么是实际问题，什么只是词句之争，也许是值得的。

没有一个讲理的人能够否认在长处和短处、善与恶、智和愚之间有自然的区别；可是我们在用赞许之词或指责之词来指称它们的时候，通常起作用的主要是靠比较，而不是靠事物性质中某些固定不变的标准，这一点也是显而易见的。与之相似，每个人都承认数量、广延和大小是实际存在的，但是在我们说某个动物是大的或是小的时候，我们总是不知不觉地把这个动物同与它同种类的其他个体做了比较；正是这种比较决定了我们关于它的大小的判断。要是一条狗和一匹马同样大小，我们就会称赞这条狗真大，会说这匹马太小。所以如果我现在来讨论什么问题，我就总得想想争辩的主题是不是一个比较的问题。如果是，就得想想争论者拿来比较的对象是完全相同的，还是在谈些彼此大不相同的东西。

我们在形成关于人性的见解时，喜欢把人和动物做对比，这样我们就意识到人是唯一赋有思想的生物。这种比较，确实是对人有利的。一方面，我们看到有的人思想不受任何地点和时间上狭隘范围的限制，他的探寻达到了地球上最遥远的区域，甚至超出地球达到其他行星和各种天体。他回过头来思考最初的原始状态，至少是人类历史的起源；向前，他的眼光看到他自己所作所为对后世的影响，并能对千年后的人类面貌做出推断。这种人，他对原因与后果的追寻达到了巨大范围和极其错综复杂的程度；能从特殊现象中抽取一般原理，改进自己的发现、发明；能纠正自己的错误；能从自己的失误中获益。另一方面，我们又看到与此完全相反的人。他的观察和推理局限在周围少数感官对象上；没有求知欲，没有远见；靠本能盲目行动，在很短时间里就达到了他所能达到的最完善的地步，此外绝不能再向前迈出一步。这些人之间的差别是多么大啊！我们必须在同后一种人做对比时赞许前一种人，这样才能提高对人性的见解。

为了否定这个结论，通常可以使用两种办法：第一，把情况描绘得很不美妙，坚持认为人性软弱，有毛病；第二，在人和最完善的智慧之间做一种新的神秘的对比。在人的各种卓越才能里，有一种是他能超出自己的经验来形成一个关于完美的观念；在他的关于智慧与美德的概念里，他可以不受限制。他能够容易地拔高他的看法，想象出有一种全知存在，如果把自己的知识拿来同它比较，就显出是非常不值一提的东西；在它面前，人的智慧和动物的聪敏之间的区别也就显得微不足道，在某种意义下归于消失了。现在全世界的人都同意如下一点，就是人类理智同完美智慧之间有无限的距离，那么我们在做出这种比较时就该懂得，在我们的感受能力本来没有多少真实区别可言的地方，我们就不去争论什么了。人对全知非常无知，即使他自己有了关于全知的观念也无法认识什么是全知，这种无知超过了动物对人类的无知；但是动物同人之间的差别毕竟是很大的，只有在把这种差别拿来同前一种差别对比时才能使它显得微不足道。

人们通常也把一个人同另外的人加以对比，发现我们能称作有智慧的或有美德的人为数很少，这样我们就容易接受关于人类可鄙的一般看法。这种推理方法是谬误的。为了理解这一点，我们可以通过观察发现人们称之为智慧与美德的那些美名，其实指的并不是各种具体水平的智慧与美德的性质，而是全部都来自我们对某个人同其他人的比较。当我们发现某个人达到了很不寻常的高度智慧时，就誉之为一个有智慧的人；所以，说什么世上有智慧的人很少，实际上并没有说出什么东西来，因为他们享有这种美名只不过是由于他们罕见。如果人类中最低下的也像西塞罗或培根伯爵那样有智慧，我们还是有理由说智慧的人很少。因为在这种情形下我们就会进一步提升我们关于智慧的看法，不会对才能上并不特别突出的任何人给予某种特殊的尊敬。与之类似，我还听到人们不假思索地说，他们观察到有少数女人是美丽的，因为比起来其他女人缺乏这种美。他们没有想想把"美丽的"这个性质的形容词仅仅用在具有某种程度的美的女人身上是否合适，实际上女人都有某种程度的美，但是我们只把这个词用在少数女人身上。一个女人的某种程度的美，会被人们称为丑；可是对于某一个男子来说，她被看作是个真正的美人。

正如我们在形成某种关于人类的见解时，通常是把人类同高于或低于他的物种加以比较，或是在人类之中把各个人加以比较，所以我们对人性中的不同动机或推动原则也常常进行比较，以便规范我们对于它们的判断。这确实是唯一值得我们重视的一种比较，它决定着这里所讨论的问题的一切方面。如果我们的自私和恶劣的动机过分凌驾于我们的社会动机和道德动机之上，就像某些指示家所断言的那样，那我们无疑就得承认人性是卑劣的这种结论。

在所有这类争论中，词句之争真是太多了。如果有人否认一个国家或集体里所有的公共精神和感情的诚挚性质，我对他这种想法是怎么回事真感到不可思议。或许他从来不曾以清楚明白的方式感受到这种诚挚精神，因而无法消除他对这种诚挚的力量和真实性的怀疑。但是，除非他进而否认任何不掺杂自利自爱成分的私人友谊能够存在，那我就确信他不过是误用了言辞，混淆了概念；因为任何人都不可能自私或毋宁说是愚蠢到如此地步，使他分辨不出人们之间的差异，挑选不出他可以赞许和肯定的品质来。难道他连天使般的人（他自诩为这样的人）的友谊也无动于衷吗？难道他会把伤害和错误地对待他，同对他仁爱和加惠于他的人都等量齐观吗？不可能；他不知道他自己；他忘记了自己的内心活动；或者我们还不如说，他是在使用一种与别人不同的语言，说的不是这些词语本来所指的意义。还有，什么是你所说的自然感情呢？它不是指某种自爱吗？是的，一切都是自爱。你爱你的孩子，因为他是你的；你爱你的朋友，理由也是一样；你爱你的国家，只以它同你自己的联系如何为度。如果把自我这个观念去掉，那就没有什么能打动你，你也就完全死气沉沉、麻木不仁了；而如果你在任何活动中老是只看到你自己，那只是由于虚夸，由于你想给自己求得名誉和声望。如果你承认这些事实，那么你对人类行为的说明我是乐于接受的，这就是我对你的答复。自爱就展现于对他人的仁爱之中，你必须承认它对人类行为有巨大影响，在许多情况下它甚至比它那种原始的模样和形式影响更大。否则，有家庭、孩子和亲友的人，为什么很少有人会不赡养、不教育他们而只顾自己享乐呢？的确如你所观察到的那样，这也许是从自爱出发的，因为他们家庭和朋友的诸事顺遂正是他们的快乐和荣耀所在，或他们自己的快乐和荣耀的重要方面。如果你也是这些自私的人们之中的一员，那你就会确信每一个人都有好的想法和善良意愿，那你也就不至于听到下面这个说法时感到吃惊：每个人的自爱，和其中我的自爱，会使我们倾向于为你服务，说你的好话。

照我的看法，使那些非常坚持人性自私的哲学家走入歧途的有两件事：第一，他们发现每个善良或友爱的行为都伴随着某种隐秘的愉快；从这里他们得出结论说，友谊与美德不可能是无私的。但这种看法的谬误是显而易见的，因为是善良的情感或热情产生了愉快，而不是从愉快中产生善良的情感。我为朋友做好事时感到愉快是因为我爱他，而不是我为了愉快才去爱他。

第二，哲学家们总能发现有德之人远不是对赞扬抱无所谓态度的，因此就把他们描绘成一些虚荣心很强的人，说他们一心想得到的就是别人的称赞。但这也是一种错误的看法。如果在一个值得赞许的行为里我们发现了某些虚荣的气味，根据这一点就贬损这个行为，或者把它完全归结为追求虚荣的动机，那是很不公正的。虚荣心同其他情欲的情况不同。如果表面的善良行为里实际上有贪婪和报复打算，我们很难说这些打算在伪善行为里究竟占有多大比重，只能很自然地假定它就是唯一的动机。但是虚荣心同美德却可以紧密相随，喜欢得到做好事的名声与做好事本身是非常靠近的，所以这两种情感容易混在一起，甚于同其他任何感情的关系；爱做好事而一点不爱赞扬几乎是不可能的。因此，我们发现这种光荣感永远会按照心灵的特殊兴趣和气质以曲折变化的形式存在于人心之中。尼禄[1]的虚荣表现在驾驭一辆凯旋车上，而图拉真则表现在用法律和才干治理帝国上。爱美德行为所带来的光荣，正是人类爱美德的一个有说服力的证据。

注释

1　尼禄（37—68），古罗马皇帝（54—68），以暴虐、放荡出名。

论技艺的提高

奢华（Luxury）是一个含义不确定的词，既可作为褒义词用，也同样可作为贬义词用。一般说来，它指的是在满足感官需要方面的大量修饰铺张。各种程度的奢华既可以是无害的，也可以是受人指责的，这要看时代、国家和个人的种种环境条件而定。在这一方面，美德与恶行的界限无法严格划定，甚于其他的种种道德问题。要说各种感官上的满足，各种精美的饮食、衣饰给予我们的快乐本身就是丑恶的，这种想法是绝不可能被人接受的，只要他的头脑还没有被狂热弄得颠倒错乱。我确实听说有一位外国僧侣，他因为房间的窗户是朝一个神圣的方向开的，就给自己的眼睛立下誓约：绝不朝别处看，绝不要见到任何使肉体感到欢乐的东西。喝香槟酒或勃艮第葡萄酒也是罪过，不如喝点淡啤酒黑啤酒好。如果我们追求的享乐要以损害美德如自由或仁爱为代价，那就确实是恶行；同样，如果为了享乐，一个人毁了自己的前程，把自己弄到一贫如洗甚至四处求乞的地步，那就是愚蠢的行为。如果这些享乐并不损害美德，而是给朋友和家庭以宽裕豁达的关怀，或是各种各样适当的慷慨和同情，它们就是完全无害的；在一切时代，几乎所有的道德家都承认这是正当的。在奢侈豪华的餐桌上，如果人们品尝不到彼此交谈志向、学问和各种事情的愉快，这种奢华不过是无聊没趣的标志，同生气勃勃或天才毫无关系。一个人花钱享乐如果不关心、不尊重朋友和家人，就说明他的心是冷酷无情的。但是如果一个人匀出足够的时间来从事有益的研究讨论，拿出富余的金钱来做仗义疏财的事，他就不会受到任何的指责。

由于奢华既能看作是无害的，又可视为不好的事，所以人们会碰到一些令人惊讶的荒谬意见。例如一些持自由原则的人甚至对罪恶的奢华也加以赞美，认为它对社会有很大好处；另一方面，有些严厉的道德君子甚至对最无害的奢华也加以谴责，认为它是一切腐化堕落、混乱，以及公民政治中很容易产生的派别纷争的根源。我们想努力纠正这两种极端的意见。首先，我要证明讲究铺张修饰的时代是最使人幸福的，也是最有美德的；其次，我要证明，只要奢华不再是无害的，它也就不再是有益的；如果搞得过分，就是一种有害的行为，虽说它对政治社会的害处也许算不上是最大的。

为了证明第一点，我们只需考虑私人的和公共的生活这两方面铺张修饰的效果就行了。照最能为人接受的观念来看，人类的幸福是由三种成分组成的，这就是有所作为、得到快乐和休息懒散。虽然这些成分的安排组合应当看各人的具体情况有不同的比例，可是绝不能完全少了其中任何一种，否则，在一定程度上，这整个的幸福的趣味就会给毁掉。待在那里休息，确实从它本身来看似乎对我们的欢乐说不上有什么贡献，可是一个最勤勉的人也需要睡眠，软弱的人类本性支持不住不间断的忙碌辛劳，也支持不住无休止的欢乐享受。精力的急迅行进，能使人得到种种满足，但终于耗费了心力，这时就需要一些间隙来休息；不过这种休息只能是一时的才适当，如果时间拖得过长就会使人厌烦乏味，兴趣索然。在心灵的休息变换和心力的恢复上，教育、习俗和榜样有巨大的影响力；应当承认，只要它们能增进我们行动和快乐的兴味，对人的幸福就是非常有益的。在产业和艺术昌盛的时代，人们都有稳定的职业，对他们的工作和报酬感到满意，也有种种愉快的享受作为他们劳动的果实。心灵得到了新的活力，扩展了它的力量与能力；由于勤恳地从事受人尊重的工作，心的自然需要就得到满足，同时也预防了不自然的欲望，那通常是由安逸怠惰所引起和滋长起来的。如果把这些生活的艺术从社会里驱逐掉，就剥夺了人们的作为和快乐，剩下来的就只是无精打采而已；不仅如此，甚至连人们对休息的趣味也给毁掉了，它不再是使人欣慰的休息，因为只有在劳动之后，在花费了气力、感到相当疲劳之后，使精力得到恢复的休息才是使人感到舒适的。

勤勉和日常生活艺术的种种改善的另一种好处，就在于它们能产生出某些文学艺术的精品来；不过单靠它是不行的，必须有别的条件在某种程度上配合。产生伟大哲学家、政治家、著名的将军和诗人的时代，通常总有无数的精巧的成衣匠和造船工人。我们很难想象，那能够生产出完美毛料衣着的国家里全然没有天文学或伦理学知识。时代的精神影响一切艺术和学问，人们的心智一旦从怠惰中唤醒，激发出力量，就会指向生活的各个方面，促进各种艺术和科学。人们从愚昧无知中走出来，享用到作为有理性的人的应有权利，他们就会去思考，去行动，去开拓他们心灵上的愉快情感，就像他们开拓物质上的幸福生活一样。

这些艺术愈加提炼改善，人们就愈是成为爱交往的人。要说那些学识很多、谈话材料丰富的人，会满足于孤寂生活，远离他的同胞，这是不可能的，不过是无知妄说和不开化的观念。他们成群地居住在城市里，喜欢接受和交流知识，喜欢显示他们的才智、教养和关于生活、谈话、衣着、家具摆设等等方面的趣味。珍奇诱发智慧，空虚产生愚昧，而愉快则兼而有之。各式各样的俱乐部和社会团体到处都有，男男女女在这里相会很方便，这种社会交往的方式使人们的脾气和举止迅速地得到改进修饰。所以人们除了从知识和文艺那里获得提高外，还必定能从共同交谈的习惯和彼此给予的亲切、愉快中增进人性。这样，勤劳、知识和人道这三者就由一个不可分割的链条联结在一起，并从经验和理性中见到它们进一步的加工洗练。这种繁荣昌盛的景象通常就被称作比较奢华的时代。

伴随这些益处的害处并不是程度相应的。人们的愉快感情愈是改进，沉溺于过分的这类追求的情况就愈少，因为这类过分对真正的快感最具毁灭性。我们完全可以肯定，鞑靼人时常有野兽般贪吃好喝的毛病，他们对死马也要大吃大喝一通，而欧洲宫廷里则十分讲究烹调艺术。在讲究优雅的时代，放荡的恋爱，甚至婚床上的私通，常常只看作是一段风流韵事罢了，但酗酒就不为风尚所容许，被认为是一种讨厌的、对身心有害的恶行。在这件事情上我不仅赞同奥维德或佩特罗尼乌斯[1]的看法，也赞同塞涅卡和加图[2]。我们知道有段故事，在喀提林[3]密谋暴乱的时候，恺撒不得不把一封暴露他同加图妹妹塞尔维拉私通的情书交到加图手中，这位严正的哲学家怒气冲冲地把这封信扔回给他，在激怒中骂他是一个醉鬼；对加图来说，似乎找不到比这个词更难听的骂人话了。

勤勉、知识和人道，不仅有益于私人生活，而且对公共生活起着有益的作用。它们在促成政治治理的伟大繁荣方面的影响作用，正如在造成个人的快乐和兴旺方面的作用一样。增多和消费使生活丰富多彩和欢乐愉快的物品，对社会是有利的；因为这些物品增添了个人的正当享受，是劳动的贮藏库，一旦国家遇到危难，就可以拿来为公共利益服务。在一个国家里，如果没有对多余奢侈物品的需要，人们就会怠惰，不知道什么是生活的欢乐，这对公共事业也是不利的。因为靠这样一些惰性的人的工作，国家是不能保持或支持它的舰队和陆军的。

　　欧洲各王国的疆域，到现在有两百年几乎没有变动了。但是它们在力量和威望上的区别为什么如此之大呢？这只能归功于技艺和工业的增长进步。在法国国王查理八世入侵意大利时，他率领了两万军队；可是圭恰尔迪尼[4]告诉我们，这支军队的装备耗尽了法国的财力、物力，以致若干年里它不能再有大的作为。而晚近的法国国王[5]在战争期间则能保持四十万军队，在马萨林[6]死后直到他自己去世的这个时期里，他能进行持续近三十年之久的长期战争。

　　生产得益于知识很多，一方面，这些知识是同技术上的长期发展与改进不可分的；另一方面，知识还能够使社会从它的民众的生产中得到最大的益处。要使一国的法律、秩序、治安和纪律臻于某种完善的地步，就必须首先使人们的理性通过教育训练得到提高，并且运用到改造那些粗陋的技艺（首先是商业和制造业方面）上去，否则便是空谈。一个民族，如果连制造纱锭或使用织布机的好处都不懂，对于这样的民族所能塑造出来的政府，我们能指望它会是好的吗？更不必说，一切愚昧的时代迷信猖獗，它使政治偏邪，还搅扰妨碍人们追求利益与幸福的正当活动。治国安民的艺术知识能培养温良与平和的性格习俗，因为它是用比严厉苛刻要好的人类生活准则的益处教育人们的；苛虐的统治驱迫它的臣民起来同它作对，并且由于赦免无望，使逼上梁山的人只能同它作对到底。随着知识的增进，人们的秉性温和起来，人道精神就发扬光大了；而这种人道精神乃是区分文明时代同野蛮愚昧时代的主要特征所在。这样，派别之争就减少了根深蒂固的宿怨性质。革命行动就减少了悲剧性质，政权统治就减少了严酷性质，民众暴乱也就减少了频繁发生的次数，甚至对外战争也减少了残酷性。在战场上，我们尊敬可爱的钢铁般的勇士，不讲怜悯，也从不畏惧；离开战场，他们就抛弃残酷，恢复了普通的人性。

我们无须担心人们失去残忍心就失去了尚武精神，在保卫国家和自由时变得懦弱无力。技艺不会削弱精神和身体，相反，勤劳作为身心发展不可少的伴侣，能给两者添加新的力量。俗话说，天使是勇气的砺石，他能以亲切美好磨掉勇敢上面的浮垢，如粗暴残忍之类的东西。尊严体面的意识是更有力量、更持久、更有支配作用的原则，它由于知识和良好教育所造成的时代风气的提高，获得新鲜的活力。此外，勇敢如果不加以训练使之得到熟练的战斗技巧，就不能持久，也没有什么用处，而野蛮民族就谈不上有什么战斗训练和军事技术。古人记述达塔默斯是最早懂得战争艺术的唯一蛮族人。皮洛士[7]看到罗马人整理他们的部队井然有序，颇有艺术和训练，惊讶地赞叹道："这些野蛮人在训练上一点也不野蛮！"我们可以观察到：古罗马人由于专一致力战争，几乎成为未开化民族中唯一总是保持着军事素养的民族；可是现代的意大利人却成为欧洲民族中唯一缺少勇气和尚武精神的文明民族。如果有人说意大利人懦弱是因为他们奢华，讲究礼仪文雅，爱好艺术，那就该想想法国人和英国人，他们的勇敢是无可争议的，这同他们喜爱技艺、努力经商是一致的。意大利的历史学家们对于他们同胞的这种退化，讲出了一个颇有道理的原因。他们谈到意大利的所有统治者是如何终于都放下了刀剑的：那时威尼斯的贵族统治者猜忌他的臣民，佛罗伦萨的民主政体完全致力商业贸易，罗马被僧侣们统治着，而那不勒斯受女人的治理。此后，战争就成为雇佣兵们寻好运的事业，他们彼此殴打争斗，为了使世人感到吃惊，他们会在大白天去进行一场所谓战斗，晚上就回到营房，一点血也不曾流过。

严肃的道德家们攻击技术和艺术的改善，依据的主要事例就是古罗马，它把穷困、质朴的美德和集体精神结合在一起，从而上升到一种令人惊叹的庄严与自由的高度；可是当它从被征服的行省那里学到亚洲式的奢华，就陷入各种腐败之中了，这时暴乱和内战就发生发展起来，终于完全丧失了自由。所有的拉丁古典作品，那是我们小时候就谈过的，它们充满了这类伤感，都把国家的衰亡归咎于从东方得来的技艺和财富。萨鲁斯特[8]甚至认为欣赏绘画也是一种罪恶，不亚于淫荡和酗酒。在罗马共和国末期，这类伤感非常流行，所以这位作者对古老严格的罗马美德充满着赞赏之情，尽管他本人正是当时奢华和败坏的一个突出的例证；他轻蔑地谈到希腊人的雄辩，可他本人正是最优美的作家；他为了上述目的颠三倒四口若悬河地说了许多枝枝节节的话，可是他本人的著作正是正确鉴赏力的典范。

不难证明这些作家把罗马陷入混乱归咎于奢华和技艺是弄错了原因，其实这是由于政体的设计不佳，由于征服的无限扩张。使生活愉快和便利的改善，并没有产生见利忘义和腐败的自然倾向。一切人花费在各种特殊享受上的代价如何，要看对比和经验来定。一个看门人贪爱钱财，把它花在咸肉和白酒上，同一个廷臣贪财用来买香槟酒和美味的蒿雀，并没有多大差别。财富在一切时候对一切人都有价值，因为它总是能用来买欢笑的；不过人们同样也习惯于荣誉感和美德并想得到它们，而且除此之外就没有别的东西能限制他们爱钱或使他们按规矩来获得金钱。荣誉感和美德，虽然不会在一切时代受到几乎同等的关注，但在知识和文化昌盛的时代，自然会受到人们的最大尊重。

波兰在欧洲各国里最不会打仗，也最不会和平；最少机械技术，也最少文学艺术；可是在这里，贪污腐败仍然是最盛行的。贵族保住他们选帝侯的权力，似乎只不过是为了把它卖给出高价的人。这就是波兰人几乎唯一具有的贸易。

英国自技术进步以来，自由绝不是衰落下来，而是得到了前所未有的繁荣。近年来，腐败观象虽然似乎有所增长，那主要是由于我们现在建立的自由制度，我们的贵族看到没有议会就不可能进行统治，害怕议会的权力怪影。不用说，这类贪财腐败的现象在选举人中比在被选举人里更加流行，所以我们不应归咎于奢华和技艺的进步。

如果我们正确地考察这个问题，就能看出技艺上的进步对自由是比较有利的，即使它不能产生一个自由的政府，也有一种天然的倾向要保持这种政府。在粗野的缺乏高度文化的民族那里，忽视技术改进，所有劳动只用来种地；整个社会划分为两个阶级：土地所有者和他们的农奴或佃户。后者必然是依附于人的，只能处于受奴役和压迫的境地，尤其是他们由于贫穷没有能力获得农业知识。这种情况在一切忽视技术的地方必定总是如此的。而土地所有者很自然地把自己树为小暴君，他们或者为了自己的安宁和统治必须屈从于一个更高的主宰，或者为了保持他们的独立性，而必定彼此争战不休，有如古代的贵族领主那样，使整个社会陷入混乱和灾难，其危害或许比在最专制的政府统治下的情形更甚。但是奢华如果能滋养工商业，那么农民就能因耕作得当而富裕和独立起来；商人也能得到一份财富，使自己接近于中等阶层的地位和威望，而中等阶层的人总是社会自由的最好、最稳固的基础。农民们由于摆脱了穷困和愚昧，就不再受从前那样的奴役了；而由于任何人不再能指望对其他人实行专制，领主贵族们也得到报偿，不必再屈从于他们的最高君主的专制。他们也愿意有平等的法律来保护自己的财产，使它免于君主的或贵族专制制度的侵夺。

社会下层是我们的得人心的政府的支持者。全世界都公认，这是由于这个政府主要关心和做的事情是增进商业贸易，而商业能使民众有均等的机会得到财富。既然如此，一方面激烈指责技艺的改进，另一方面又把它视为有害于自由和公共精神的东西，那是非常矛盾的。

谴责现在，推崇远古的美德，几乎是根植于人类天性中的一种癖好；由于留传下来的只是文明时代的情感和意见，所以我们见到的多属攻击奢华甚至攻击科学的严厉批评，现在我们也易于赞同这类意见。但是如果我们比较一下处于同一时代的不同国家，只要我们充分熟悉它们的风貌，评判时不带偏见并能恰当地加以对比，我们就会很容易地觉察到上述见解是谬误之见。背信弃义和冷酷无情，是一切恶行中最有害、最可恨的，它似乎专属于不文明的时代；在文雅的希腊人、罗马人看来，这是他们周围野蛮民族的特征。因此，他们也应该正当地认为他们自己的祖先（虽然他们给予了很高的评价）其实并没有什么伟大的美德，同后代相比，在品德和人道方面，以及在鉴赏能力和学术方面，都要差得多。古代法兰克人或萨克森人可能得到高度赞扬，不过我相信大家都会认为他们的生活和命运处在摩尔人、鞑靼人的手心里并不安全，远不如法国或英国有身份的人的处境，而这种人是最文明国家里的最有教养的人。

现在我们来谈谈打算说明的第二点，因为无害的奢华，或一种技艺上的精美、生活上的便利，是有益于社会公众的，所以只要奢华不再是无害的，也就不再有益。如果超出一定限度，就会成为对政治社会有害的东西，即使它还算不上是最有害的。

让我们想想我们称之为罪恶的奢华是什么。能满足人们需要的东西，即使是满足肉欲的，它们本身也不能被看作是罪恶的。只有这样一种满足需要的行为才能看作是罪恶的：它耗尽了一个人的金钱，使他再也没有能力尽到按他的地位应尽的职责，无力实现照他财产状况本来应当有的对他人的关怀帮助。假如他改正了这个毛病，把部分钱用来教育孩子，帮助朋友，救济穷人，这对社会有什么不好呢？反之如果没有奢华，这些花销也还是要的。如果这时使用的劳动只能生产少量满足个人需要的东西，它也能济穷，满足许许多多的需要。在圣诞节的餐桌上只能摆出一碟豆子的穷苦人，他们的操心和辛劳也能养活全家六个月。有人说，没有罪恶的奢华，劳动就不会全部运用起来，这只不过是说人性中有另一些缺点，如懒惰、自私、不关心他人。对于这些，奢华在某种意义上也提供了一种救治，就像以毒攻毒那样。但是美德同使人健康的食物一样，总比有毒的东西（不论如何加以矫正）要好。

现在我提出一个问题，假如大不列颠现在的人口数目不变，土壤气候也不变，由于在生活方式上达到了可以想象的最完美的地步，由于伟大的改革以其万能的作用改变了人们的气质习性，这些人们是否会更幸福呢？要断言并非如此，似乎显然荒谬可笑。只要这片土地能养活比现在还多的居民，他们在这样一个乌托邦里除了身体疾病（这在人类的灾难里还占不到一半）外就不会感到有什么别的坏事。所有别的弊端都来自我们自己或他人的罪恶，甚至我们的许多疾病灾祸也来自这种源泉。去掉道德上的罪恶，坏事也就没有了。但是，人们必须仔细地克服一切罪恶；如果只克服其中一部分，情况恐怕更糟糕。驱逐了坏的奢华而没有克服懒惰和对别人的漠不关心，那就只不过是消灭了这个国家里的勤劳，对人们的仁爱和慷慨大度一点也没有增益。因此，还不如满足于这样的观点：在一个国家里，两个对立的恶可能比单单只有其中之一要好些；但是这绝不是说恶本身是好的。一个作家如果在一页上说道德品质是政治家为了公共利益而提出来的，在另外一页又说恶对社会有利，这并不能算前后非常矛盾。真正说来，这似乎只是在道德体系论说里用词上的矛盾，把一个一般说来有益于社会的事情说成是恶而已。

为了说明一个哲学上的问题，我想讲这些道理是必要的。这个问题在英国有许多争议，我把它叫作哲学的问题，而不叫作政治的问题。因为无论人类会获得怎样奇迹般的改造，比如他们能得到一切美德，摒弃一切罪恶，这总不是政治长官的事情。他只能做可能做到的事情，他不能靠美德来取代和治疗罪恶。他能做到的时常只是以毒攻毒，用一种恶来克服另一种恶，在这种场合他应做的只是选择对社会危害较轻的那一种恶。奢华如果过分就成为许多弊病之源，不过一般说来它总还是比懒惰怠慢要好一点，而懒惰怠慢通常是比较顽固的，对个人和社会都有害。如果怠惰占了统治地位，一种毫无教养的生活方式在个人生活领域里普遍流行，社会就难以生存，也没有任何欢乐享受可言。在这种情况下，统治者想从臣民那里得到的贡献就寥寥无几，由于该国的生产只能满足劳动者生活的必需，也就不能给从事公务的人提供任何东西。

注释

1　佩特罗尼乌斯（？—66），古罗马作家，长篇讽刺小说《萨蒂利孔》的作者，作过总督和执政官，是个终生追求享乐的浪荡公子。《萨蒂利孔》详尽地记录了当时的享乐生活，文笔典雅流利，机智风趣。

2　加图（公元前95—前46），是与之同名的监察官大加图的曾孙，被称作小加图。大加图全力维护罗马古风和传统的道德标准。小加图是保守的元老院贵族领袖，当过保民官，反对恺撒，西塞罗著有称颂他人品的文章。

3　喀提林，罗马共和国末期的贵族，担任过行政长官和总督，竞选执政官失败后，曾密谋暴乱，被西塞罗揭露和镇压。

4　圭恰尔迪尼（1483—1540），意大利历史学家，文学家。

5　指路易十四（1638—1715）。

6　马萨林（1602—1691），法国枢机主教黎塞留的继任者，并继他成为法国首相。他曾任路易十四的导师，路易十四即位后，他引导幼主关心政务，并训练了大批官员。

7　皮洛士（公元前319—前272），伊庇鲁斯国王。曾不惜以惨重代价取得了对马其顿和罗马的军事胜利。他的兵法受到许多古作家的引用和赞扬。以下引文见普鲁塔克《皮洛士》第16章第5节。

8　萨鲁斯特（公元前86—前34），古罗马历史学家。休谟这里提到的，是他在历史著作《喀提林叛乱记》中的看法。

论雄辩

那些思考人类在历史上表现出来的各种时代及其革命变革的人，愉快地看到充满欢乐和各种变化的情景，也惊奇地看到不同时代巨大变化所引起的同样引人注目的种种风貌、习俗和意见。不过，无论如何在政治史里，我们可以看到比学术史、科学史里要大得多的一致性；同一个时代的战争、谈判和政治，比起人们在趣味、才智和思辨原理方面的类似程度要大得多。利益和野心、荣誉和羞辱、友谊与敌对、恩惠和报复，是一切公共事务的原动力；这些感情都有一种非常难以驾驭而又难以探寻的本性，同那些容易由教育和事例来改变的感情和理智不同。哥特人在鉴赏力和学术上比罗马人要差得多，但在勇敢和美德上却并非如此。

但是，如果我们拿来比较的民族差别不大，就能观察到人类学术的晚近阶段在许多方面同古代有一种相反的特征。如果说我们在哲学上比古代强，那我们不论还有多少精致的东西，在雄辩上还是远不如古人的。

在古代，人们认为任何天才的作品都比不上对公众发表演说那么伟大，那么需要多方面的才华与能力。有些杰出的作家被认为有才能，但是甚至伟大的诗人或哲学家同善于演说的人相比也还是被看作略逊一筹。无论希腊或罗马都产生了一种成熟的演说家，可是尽管别的著名演说家得到了种种赞扬，他们在同具有伟大典范的雄辩家相比时仍然相形见绌。仔细观察一下就能看到，古代的评论家几乎从不认为任何时代的两个演说家在水平上完全相等，值得给予同等程度的赞美。卡尔弗斯、凯利乌斯、库利奥、霍滕修斯、恺撒，一个超过一个，但是这时代最伟大的还是比不上西塞罗，他才是罗马前所未见的最善于雄辩的演说家。善于鉴赏的评论家说，罗马和希腊的演说家在雄辩上超过了前人，不过他们的艺术仍远不完善。雄辩艺术是无止境的，不仅超出了人类已有的能力，而且超出了人类可以想象的程度。西塞罗对他自己的作品不满意，甚至对狄摩西尼[1]的也不满意。他写道："浩瀚无垠的艺术啊！我（的听觉）对你的仰慕多么如痴如狂，多么思念渴望。"

在一切文雅有学问的民族里，唯有英国已经有了一个受人民欢迎的政府，它容许很多人进入议会担当立法者的工作，从而可以认为它会处于雄辩的支配之下。可是英国在这方面有些什么可以夸耀的呢？让我们数数在我国享有盛名的伟大人物。不错，我们出了诗人和哲学家，这使大家都非常高兴，但是有什么演说家值得一提呢？我们在哪里能找到他们天才的不朽作品呢？确实，在我们的历史上也有一些人物指导过我们议会的决议，可是无论他们本人或别人都没想到应当花点气力把他们的演说词保存下来；而且他们的权威，好像都是借助于他们的经验、智慧乃至权力来建立的，较少凭借他们的演说才能。现在上下两院里有半打以上的发言人，他们在评述公共事务的时候，有些神气、声调颇近于雄辩，但是没有人认为他们比其他人强。在我看来这似乎是一个确实的证据，说明他们之中还没有一位在雄辩艺术上超出平庸的水准，他们的雄辩没有唤起心灵中庄严崇高的情感和能力，只不过凭着普通的才能稍稍运用了雄辩术。伦敦众多的木匠能造出同样好的桌椅，可是没有一位诗人能写出像蒲柏[2]那样传神的优美诗句。

我们知道，当狄摩西尼演说时，才智之士从希腊最遥远的各个地方聚集到雅典来，好像参加世界上最值得庆贺的盛典。在伦敦，你可以看到人们在办事机关里耗光阴，最重要的争论都在上、下两院进行；可是许多人都没有想到，要是他们有著名演说家的雄辩可听，那么不吃午饭是完全值得的。在老西伯[3]演出时，那些戏迷的激动，比听到我们首相面临攻击弹劾时所用的辩护词在感受上甚至会更强烈些。

一个人即使不熟悉古代演说家留下来的高尚作品，只要稍有接触与印象，也能评判古人的雄辩在风格和特色上无限优于现代演说家。在运用抑扬顿挫、铿锵有力的艺术手法上，高贵的狄摩西尼受到昆体良[4]和朗吉努斯[5]的许多赞扬。他在谈到喀罗尼亚战役[6]失败时慷慨陈词道："不，我的同胞们；不，你们没有错。我以英雄们的英灵起誓，他们为了同样的理由而战，英勇牺牲在马拉松[7]和普拉蒂亚[8]的原野上。"[9]可是我们的稳健平静的演说家们，在运用这种艺术上显得多么滑稽可笑啊！西塞罗的演说何等豪放雄浑富有诗意，他在用最悲壮的语言描写了一位罗马公民所受的苦难之后写道："这恐怖的情景，我要描写出来，罗马公民听了谁能忍受？不，不仅你们不能，我们国家的盟友们不能，那些听到过罗马英名的人们不能，甚至一切人类都不能忍受，只有残忍的野兽才能。啊，要是我站在荒漠孤寂的原野上，把我的言语向群山和巨岩倾诉，就是这些自然界里最粗犷、最不通人性的东西，我也确信它们会为这个故事所动，感到恐怖和愤怒。"[10]试问，现在有谁还能保持这样的文采风度？这种文句所洋溢的雄辩光彩给它多大的魅力，引起听众何等的印象！它需要有多么崇高的艺术水平和卓越才能，凭借多么豪放过人的感情！它点燃了听众心中的火焰，使他们同演说者一起处于强烈的激情和高尚的思考之中；而具有这种效果的奔放的雄辩，又是由多少人们看不见的精心推敲造成！要是这种感情在我们看来显得有些过分，有如它有时表现出来的那样，那至少也能使我们对古代雄辩的风格得到一个概念，由于它那种整体的宏伟气概，我们对这类过分的渲染也不致产生反感。

与这种思想和表现力的热情相一致，我们可以看到古代雄辩家在行动上的热情。他们以一种他们所习惯的最普遍、最适度的态度来行动，这就是他们借以站立的土地；虽说他们的这些行为态度，不管是在元老院里、在法庭上，还是在讲坛上，在我们今天看来未免显得过于激烈，我们只是在剧院里才能接受那种最强烈激情的表现。

在近代，雄辩的衰落是我们可以明白感觉到的，可是对于引起这种现象的原因，人们却没有搞清楚。在一切时代，人类的天赋本是大致相等的。现代人把自己的天赋用到其他种种技艺和科学方面，他们十分勤劳努力，取得了巨大成就。而且，一个讲求学术的国家还具有一个民众的政府，这样的环境条件似乎足以充分发挥人们的各种可贵才能，可是虽有这一切有利条件，同所有其他的学术的进步相比，我们在雄辩上的进展却很小。

我们能否断言古代雄辩风格已经不适应于今天这个时代，现代的演说家不应模仿它了？无论提出怎样的理由来证明这一点，我还是要劝人们相信，这样的理由如果认真检查一番，都是不健全的，不能令人满意的。

第一点，有人会说，在古希腊罗马的学术繁荣时期，城邦共和国内部的法律，在所有国家里都既少又简单，所以做出决定在很大程度上靠执法者们的公正权衡和健全理智。因而研究法律不是一个吃力的职业，无须一辈子辛辛苦苦地盯着干，同从事其他的各种研究或事业全不矛盾。罗马的大政治家和将军们都是法律家。西塞罗在掌握法律知识上显得多么驾轻就熟，他说他在忙于各种要务当中仍能抽出少量时间从事研究，使自己成为完备的法律家。可是今天的律师要使自己的论断公正，如果他花费许多时间和精力去研究、展示他的辩才，那就没有力量钻研严密的法律条文、实际情况和以往的案例了，但是后者才是他进行论证时最必要的依据。在古代的情况下必须考虑到许多条件，照顾到种种个人的打算甚至爱好、脾性。演说家把这些都考虑在内，运用自己的艺术才能和雄辩使之协调配合，才能装出一副公平正直的模样来。但是现在的法律家哪有闲工夫丢开他繁重的工作，到帕纳索斯山[11]去采集花朵呢？他有什么机会在严密精细的论证、反驳与答辩（这是他必须运用的）之中，展现他的文学才华和雄辩艺术呢？最伟大的天才，最伟大的雄辩家，如果想在刚学过一个月法律的领导人面前宣讲一番，都只能陷于一种可笑的境地。

我乐于承认，在现代社会条件下有许多错综复杂的法律，这对雄辩是不利的；不过我还是认为这并不足以说明这门高贵艺术的衰落。在威斯敏斯特市政厅里也许可以不用演说，但在上、下议院里就不能没有。在雅典人那里，阿雷奥帕果斯[12]会议上明确禁止一切诱惑的雄辩。有些人说希腊人的演说词是用合乎法律审判程序的方式写出来的，没有像罗马人表现出来的那种豪放和善于辞令的风格。但是，雅典人在详细讨论城邦事务时，在争论有关自由、幸福和公共事业的尊严、荣誉问题时，他们把深思熟虑、谨慎周密这类雄辩发展到了何等辉煌的顶峰！这些主题的辩论，把天才提升到一般人之上，使雄辩得到了最充分发展的天地；而这类问题的争论，在我们今天的国家里仍是时时发生的。

第二点，有人说雄辩的衰落是由于现代人有很高水平的健全理智，他们蔑视一切用来诱惑判断力的辩术伎俩，在争论任何需要慎重审议的事情时，只承认可靠的论据，此外一概加以拒绝。如果有人被控告犯了杀人罪，那必须靠真凭实据来证明这是事实，然后用法律条文来衡量判决对这一罪行的刑罚。在这里，如果用些强烈的色彩来描绘这一杀人行为多么恐怖残酷，让死者的亲朋好友出场，用暗中提示的手法要他们用眼泪和悲伤央求法官秉公判决，那是荒唐可笑的。如果想靠对流血事件的描绘，把它说成是一种多么悲剧性的情景，来改变法庭的判决，那就更加荒唐可笑了。虽然我们知道，这套伎俩有时古代的演说家们确实用过。今天，在公共事务的讨论中不再受这类伤感情绪的影响，演说家们所应有的只是现代的雄辩，这就是指诉诸良好的理智，用恰当的表达方式进行陈述。

我愿接受这样的意见，就是我们今天的习惯和良好的理智，能使我们的演说家在试图煽起听众的激情或提高他们的想象力上，做得比古人要更加谨慎稳健一些；不过我看不出有什么理由要他们绝对地取消这个意图。这只应当促使他们加倍再加倍地改进他们的雄辩艺术，而不应完全否定这种艺术。古代雄辩家似乎也已经由于要对付听众的严重戒备心理而提防自己别出错误，可是他们采取的是另一种避免错误的方法。他们把崇高雄壮和悲惨动人的言辞滔滔不绝地倾泻到听众耳朵里去，使他们没有多余的时间来发觉受骗上当的伎俩；或者更正确些说，他们并没有被任何伎俩欺骗住，因为演说家的天才和雄辩力量，首先点燃的是他自己胸中的怒火、义愤、怜悯和悲伤之情，然后他才把这些激动传达给他的听众。

难道有什么人能自称比尤利乌斯·恺撒的良好理智更强吗？可是我们知道，这位傲慢的征服者还是被西塞罗雄辩的魅力所折服，以致不得不以某种方式改变了他既定的目的和决定，并赦免了一个犯人，而在这位雄辩家演说之前，那个犯人原是要判死罪的。

我承认，这位罗马雄辩家尽管获得了巨大的成功，他的作品在某些地方还是可以指摘的。他过于注重辞藻和文采；他的风格过于华丽触目；他行文的章节划分主要是按学院的那套格式；他虽看不起一些小手法，可他的机智里也有这些东西，甚至有某些双关的俏皮话、同韵语和叮叮当当的小玩意儿。希腊演说家的听众不像罗马的元老或法官们那样有教养。雅典的下层平民是全权统治者，是他的雄辩的裁定者[13]。可是他的姿态风度还是要比民众更纯朴和简洁；如果能模仿的话，就是放到现代集会上也会无误地获得成功。它是敏捷麻利的和谐，准确无误的理智；它是热情的论证，显不出任何人工做作的技巧；它是高傲、愤怒、粗犷、自由的感情流露，渗透在一个川流不息的论证之中。在一切人类的产品里，狄摩西尼的演说向我们提供了最接近于完美的典范。

第三点，有人会说古代政治混乱，错误罪过很多，公民们时常自觉地看到这些问题，这就给他们的雄辩提供了大量主题和材料，而今天情况已经有所不同了。要是没有威勒斯[14]或喀提林，就不会有西塞罗。但是很显然，这个论点没多大意义。在今天，像腓力那样的人是很容易发现的，可是我们在哪里能找到一位狄摩西尼呢？

但是，难道我们只能指摘我们的演说家，说他们由于缺乏天才和判断力，没有能力达到古代雄辩那样高的水平；或者，把它看作不适合现代条件和精神的事而放弃一切努力？

只要这种努力有少许成功，就可以唤起我们民族的天才，激发年轻人起来仿效竞争，使我们的听觉习惯于一种比我们迄今所乐意听的要更高尚、更富于情感的雄辩声调。在任何民族里，艺术的最初产生和进展，都确实是某种偶然的事件引起的。虽说古罗马人接受了希腊一切优秀的成果，但是为什么他们原先并没有艺术的训练，却唯有他们才能在雕塑、绘画和建筑艺术上达到如此优雅洗练的地步？对于这个问题能否有一种非常令人满意的解答，我是怀疑的。一旦现代的罗马从古代废墟里发现了少数遗物并为之激动，它就产生了最杰出、最卓越的艺术家。要是有一位像诗人沃勒[15]那样有教养的雄辩天才出现在内战时期，当时自由刚刚充分地建立起来，人民在集会中讨论和争辩政治上各种最重大的问题，那我就可以十分明白地说明，一个榜样能使英国的雄辩得到转机，使我们能达到古代典范那样的完美。这样，我们的演说家就能获得国人的尊敬，有如我们的诗人、数学家和哲学家那样；英国也会出现它的西塞罗，就像它产生了自己的阿基米德和维吉尔一样。

如果对诗歌和雄辩的错误趣味在所有的人中间普遍流行，那就很难或几乎不会有人通过比较和反省来选择一种真正的趣味。这种错误低下的趣味之所以盛行，只是由于对真正的趣味无知，缺少完美的典范来引导人们获得比较正确的理解力和对天才作品比较精致的欣赏力。一旦这些典范出现了，人们马上就会联合起来投赞成票。由于它那种天然有力的魅力，它会赢得人们的喜爱和赞美，即使最有偏见的人也不例外。任何一种激情和感受，其本原存在于任何一个人心中，只要正当地给予触发，它们就会在生活中发展起来，温暖人们的心胸，并且把这种快感传达出来。天才作品正是靠了它，才同由随随便便的机智和幻想凑合起来的虚假的美区别开来。如果我们这个观察对于一切文学艺术都是真实的话，它也必然完全适用于雄辩。由于雄辩只是为公众、为世人的，毋庸讳言，它不能指望人们有多高的判断能力，它必须顺从公众的裁决而不能有什么保留或限制。不过比较起来，如果有谁被一位普通读者看作最伟大的演说家，那么学识渊博的人所做的这类评价就应是更确实无误的。虽然一个并不出色的演说者可能在一个相当长的时间里受到热烈欢迎，得到民众的交口赞誉，说他有才华，找不出他有什么缺点，可是只要真正的天才出现了，就立刻会把人们的注意力吸引过来，明显地胜过他的对手。

　　用这条规则来评判，古代的雄辩，即崇高和激情的雄辩，比现代的或论证说理式的雄辩，是更富于正当的趣味的；如果正确地加以贯彻，将永远能博得人类更多的同情和崇敬。我们满足于我们的平庸，是因为我们没有经验到比它更好的东西，而古人对这两方面都经验到了；他们进行了比较，挑选出那种直到今天仍然受到我们称赞的典范。如果我没有弄错的话，我认为我们现代的雄辩在风格和类型上同古代批评家称之为阿提卡雄辩的一样，也就是说，是一种平静、优雅和精巧的东西，它讲授道理而不能唤起激情，除了论证和一般议论就没有别的音调。吕西阿斯[16]在雅典人中和加尔乌斯在罗马人中发表的雄辩作品，就属于这种类型。它们在当时都得到了相当高的评价，不过同狄摩西尼和西塞罗一比，就好像是正午阳光下的一支即将熄灭的蜡烛，显得黯然失色。后两位作家同前两位一样优雅、精巧、论证有力；不过他们受人称赞的地方主要还是伤感和崇高的感情与风格，他们在适当的场合把这些注入他们的行文中去，并且依靠这种力量来左右读者的决定。

这种类型的雄辩，我们在英国几乎找不到任何实例，至少在我们的公众演说家里是如此。我想，我国作家中有些享有盛誉的实例，也许能使有志青年在试图复活古代雄辩方面增强信心，争取到和古人同样的光荣甚至超过古人。博林布鲁克子爵[17]的作品，连同其中论证与方法上的缺点以及不准确处，都有着一种力量，而我们的演说家却几乎从不注重这一点；但实际上很显然，这样一种昂扬的风格正是演说家胜过写文章的人的一种特权，并能使他更迅速地获得惊人的成功。此外，演说还有这样的特殊优点，就是演说者和听众之间有语言和情态上的各种反应的不断交流。在一个大规模的集会上，大家倾听一个人演讲，必能使他心中产生一种特殊的昂扬精神，使最有力的姿态、表情充分得到表现而又合乎礼仪。确实，人们对事先准备好的演说往往怀有很大的戒心；如果一个人背诵稿子，像一个学童背诵课文那样，根本不考虑他所说的某些地方会引起什么疑问和争议，那他就免不了受人讥笑。但是，难道陷入这种可笑的困境是必然的吗？要做一个公众演说家，就必须事先弄清争论的问题。他可以把所有的论点、质难和回答组织在一起，他应当想到这些正是他演说里最本质的东西。如果发生了新的疑问，他还应该随机应变想到如何加以补充，使他精心推敲的稿子不致和当下的演说差距过于明显。人心总是自然地被相同的原动力或力量所推动，它有如一条船，一旦被摇起的桨橹驱动，就会在一段时间里沿着它的道路继续向前运动，即使那最初的推动已经暂时搁置下来。

现在我再谈一点意见，以便结束本文的讨论。我观察到尽管我们现代的演说家还没有提高他们的风格，还没有唤起一种与古人比高低的竞争心，不过，在他们多数的演说词里，有一个重要的缺点还是可以克服的，这也用不着改变那种限制着他们野心的论证和推理的气氛。即席的讲演有一种巨大的感染力，能使他们挣脱所有那些对说理似乎必要的程序和方法，虽说没有它们就几乎不能使人心得到完全的确信。这并不是说人们会喜欢在一篇公众演说词里有许多不连贯之处，除非所谈的主题对人们来说原是一目了然的；而只是说，摆脱这种形式化的东西就容易注意到另一种方法，这种方法能唤起听众的注意力，他们在看到论证很自然地从一个上升到另一个时，会感到十分愉快，也能在心中保持住这种论证的透彻说服力，那是比把最有力的论证胡乱堆在一起所能产生的效果要强得多的。

注释

1　狄摩西尼（公元前384—前322），古代雅典演说家。他发表的演说《金冠辞》等被公认为历史上最成功的雄辩艺术杰作。

2　蒲柏（1688—1744），英国诗人。

3　西伯（1677—1757），英国演员，剧作家，诗人。1730年被封为桂冠诗人。

4　昆体良（约35—95），古罗马教育家，演说家。

5　朗吉努斯（生活在公元1世纪），被认为是文学批评方面伟大创新作品之一《论崇高》的作者。他认为思想的伟大若非生就，就是后天通过努力模仿堪称典范的伟大作家（主要指荷马、狄摩西尼、柏拉图）得到的。

6　喀罗尼亚是古希腊通往北方的门户，一个设防城镇。公元前338年，马其顿王腓力二世在此打败了底比斯和雅典。

7　马拉松，希腊地名。公元前490年，雅典在马拉松迎击进犯的波斯军队，以少胜多，取得了重大胜利，对扭转战局起了重大作用，大大鼓舞了希腊人。

8 普拉蒂亚，古希腊城市，位于山边悬崖上，地势险要。希波战争中，希腊军队在这里取得决定性胜利，它成为希腊人英勇气概的象征。

9 见布鲁图的《书信集》第74封信。

10 见西塞罗《反威勒斯的第二篇演说》。

11 帕纳索斯山，希腊中部的山峰，是神话中文化和文艺之神阿波罗和缪斯的住地。

12 阿雷奥帕果斯是古希腊雅典的贵族议事会，在一个时期它权力最大，也是最高法庭。

13 演说者适应雅典人民的口味，而不是人民适应演说者的口味。高尔吉亚·莱昂提诺迷住了他们，他们才逐渐熟悉了一种比较高的口味。西西里的狄奥多罗斯说，他的演讲风格，他的对立命题，他的句子工整对称，这些如今已被人看不上了，当时却在听众中产生了巨大效果。（见 *Diodorus Siculus* Ⅻ 53.2—5.）所以，现代演说者如果用他的听众的口味为自己不好的作品辩解，是徒劳的。英国议会在判断力和敏感审慎上很自然地胜过雅典民众，可见崇尚古风而不容许今天有雄辩实在是一种奇怪的偏见。——原注

14 威勒斯（约公元前115—前43），罗马行政长官。因贪赃枉法而出名，在西西里人请求下，西塞罗对他提出了控诉。

15 沃勒（1606—1687），英国诗人，以诗句和谐流畅而著称。在内战中因参与王党阴谋而被放逐，共和时期他写了对克伦威尔的一首颂诗，复辟时期他又写了一首赞美查理二世的诗。

16 吕西阿斯（约公元前445—前380），希腊演说词写作家。

17 博林布鲁克子爵（1678—1751），英国政治家和作家。博学多才，能文善辩，写过历史和哲学方面的著作。

鉴赏的标准

　　人们在鉴赏力方面差别很大，就像世上流行的各种意见很不相同一样，这个事实十分明显，人们甚至无须考察就可以明白。大多数所知有限的人，在他们熟悉的小圈子里都能看出鉴赏力的差别，即使这个小圈子里的人们都在同样的政治制度下受教育，从小都受到同样偏见的影响，也是如此。而那些能把眼光扩展到遥远的国度和古代去加以审视的人，对于这方面的巨大差异和对立，会更加惊叹。我们对那些同我们的鉴赏力、领悟力大不相同的看法，往往容易贬之为野蛮，但我们很快就能发现别人回敬我们的类似贬斥之词。最后就连最傲慢自负的人在看到各方面的人们都同样自信时，也大吃一惊，面对着这样一种情感好恶的纷争，再也不敢认定自己所喜爱的就一定是对的了。

鉴赏力的这种差异，对于并不留意的人来说也已经是显而易见的了；要是我们认真加以检视，会发现实际上的差异比初看上去还要更大些。人们对各种类型的美和丑，尽管一般议论起来相同，但实际感受仍然时常有别。在各种语言里，都有一些带着褒贬含义的词；这些词对使用同一种语言的所有的人来说，必有彼此协调一致的运用。优美、适当、质朴、生动，是人人称赞的；而浮夸、做作、平庸和虚假的粉饰，是大家都指摘的。但是只要评论家们谈到特殊的事例，这种表面上的一致就烟消云散了；我们就会发现他们赋予种种言辞的含义原是大不相同的。与此相反，在各种科学和意见的问题上，人们之间的分歧更多是在对一般而不是在对特殊的看法上，表面上的分歧多于实质上的分歧。一旦把名词术语解释清楚，常常就结束了争论，争执双方惊讶地发觉他们争了许久，但在根本之点上他们的判断本来是一致的。

那些把道德建立在情感而不是理智上的人们，倾向于把伦理学问题放到对情感的考察中加以把握。他们认为，在一切有关操行和做人规矩的问题上，人们之间的差别实际上要比初看上去还大。确实，一切民族和一切时代的作家都异口同声地称颂正义、人道、大度、谨慎、诚实，谴责与此相反的品质，这一点是显而易见的。就连那些以娱悦人们想象力为主的作品的作者和诗人，从荷马直到费讷隆[1]，都在谆谆教导着同样的道德格言，赞誉和谴责着同样的美德与恶行。这种一致性，照通常的说法，应归功于朴实理智的影响；这种理智在一切场合维护所有的人心中类似的情感，预防它出现那些像在抽象科学里常常发生的争辩。要是仅就这种一致性是真实的而言，我们或许可以接受上述解释，并以此为满足。不过我们也必须看到，道德上的这种表面的协调，有些部分乃是由言语的性质本身造成的。美德这个词，不论在哪种语言里都表示着赞扬，正如恶行这个词总表示着谴责的意思。除非最明显地甘冒天下之大不韪，任何人都不会把一个公认是好意的词赋予贬斥的意义，或把表示责备的词给予赞扬的意义。荷马的一般道德格言，无论他在作品的什么地方谈到，谁也不会同他争辩，但是很显然，一旦他描绘具体的行为方式，例如表现阿基里斯的英雄形象、尤利西斯的足智多谋时，他把许多凶狠的品质掺杂到前者的英勇之中，把许多奸狡欺诈的品质掺杂到后者的智谋之中，这就是费讷隆所无法容许的了。在希腊诗歌里，贤者尤利西斯仿佛生来就爱说谎和骗人，而且常常是在毫无必要甚至毫无益处时也惯于这种伎俩；但是在法国史诗的作者笔下，乌吕西斯的儿子就比较谨慎自重，在危急关头也从不离开最严格的真理和诚实的人生道路。

真正说来，伦理学能给予我们的一般教训，其价值是很小的。那些推荐种种美德的人，他们所做的事其实不过是在解释词句本身罢了。发明了"仁爱"这个词并以好的意义来使用它的民族，比起某些在著作里塞进"待人以仁爱"这类戒条的立法者或先知，在教人为善上要清晰得多，也要有效得多。其实，在全部语言表述中，最不容易受到歪曲和误解的，正是那些同其他意义联结在一起的、包含着某种程度的褒贬意义的语词。

所以很自然地，我们要寻找一种鉴赏的标准，它可以成为协调人们不同情感的一种规则，至少它能提供一种判别的准则，使我们能够肯定一类情感，指责另一类情感。

然而有一种哲学却认为我们这种企图只是空想，并论说要想获得任何鉴赏的标准都是永远不可能的。它说，这是因为理智的判断与情感的评价是极不相同的两回事。一切情感都是正确的，因为情感无求于外，不管在什么场合只要一个人意识到它，它总是真实的。但是所有理智的规定却不能认为是正确的，因为它们必须以外物本身为准，即以实际的事实为准，这样，它们就无法与这个标准相符合了。对于同一个事物，不同的人可以采纳上千种不同的意见，但不可能都是正确的，其中只有一种意见正确真实，可是如何把它辨认出来并加以确定还是一大难题。与这种情形相反，由同一事物所激起的上千种不同的情感，却可以都是正确的，因为感受这种东西并不以表现外物中的实在性质为任务。它只不过标志着外物与人心官能之间的某种呼应或关系，如果这种呼应观照实际上不存在，情感就绝不可能发生。美不是物自身里的性质，它只存在于观照事物的人心之中，每个人在心中感受到的美是彼此不同的。对于同一对象，一个人可能感受到的是丑，而另一个人却感受到了美；各个不同的人都应该默从他自己的感受，不必去随声附和别人的看法。要寻求真正的美或真正的丑，就像妄图确立什么是真正的甜或真正的苦那样，是一种不会有任何结果的研究。由于感官气质的不同，同一个对象可以既是甜的，又是苦的。谚语早就说过，争论口味问题是徒劳无益的。把这个明显的道理，从肉体的感受问题扩展到精神感受上来，看来是很自然的，甚至是十分必要的。这样说来，我们就发现常识尽管时常同哲学尤其是怀疑论哲学相抵触，却至少在这一方面彼此一致，它们都主张同一观点。

虽说上述道理成为谚语，似乎已为常识认可，但确实还有另一种常识持与之相反的看法，它至少可以对上述观点起修正和限制的作用。要是有谁在奥格尔比²和弥尔顿之间，或在班扬³与艾迪生⁴之间做比较，说他们在天才和优雅方面不相上下，人们一定会认为他是在信口乱说，把小土堆说成同山陵一样高，把小池塘说成像海洋那么广。虽然也许会有几个人，在对比中宁愿偏爱前边的两位作家，但这样的鉴赏力绝不会受到人们的重视。我们可以毫不犹豫地说，这些冒牌评论家的感受是荒唐可笑的。在这样说的时候，我们就把鉴赏力无差别可言的原则完全抛开了。当然，这个原则在有些情况下还是可以承认的，其条件是拿来比较的对象看来大致相当；要是这些对象相比之下不成比例，谈论这个原则就显得太随便任性，甚至成为显而易见的瞎说了。

很清楚艺术创作的种种法则，不是靠先天的推理来确定的，也不能看作是从比较那些永恒不变的观念的性质和关系中得到的理智抽象的结论。它们的根据同一切实用科学一样，都是经验；它们不过是对普遍存在于各个国度和时代的人们中的快感所做的概括。诗歌中甚至雄辩中的美，许多是靠虚构、夸张、比喻，甚至滥用和颠倒词语的本来意义造成。要想制止这种想象力的奔放，叫各种表现手法都合乎几何学那样的真实性和准确性，那是同文艺评论的规律完全背道而驰的。因为这样创作出来的作品，从普遍的经验来看，只能是最枯燥无味使人厌烦的东西。但是诗歌虽然全不受准确真理的管束，却也还须受到艺术规律的制约，这些艺术规律是天才的或有观察力的作家发现的。要是某些忽视或不遵守艺术创作规律的作家也能给我们快感，那也并不是因为他们违反规律或规矩使我们得到艺术享受，而只不过是因为尽管有这种毛病，他们作品中还有别的优美之处能使公正的评论家感到满意，这些美的力量胜过缺陷，它使人心得到的满足超过了缺点所引起的厌恶之情。阿里奥斯托[5]是讨人喜欢的作家，但这并不是由于他那些古怪的虚构编造，把严肃的风格同喜剧风格胡乱混杂，故事安排缺少连贯性，时常打断叙述。他的魅力在于语言明快有力，构思流畅多变，善于描绘感情，特别是欢乐和恋爱这类感情的天然画面。所以，他的缺点虽然减弱了我们的快感，并不足以抵消它们。退一步说，即使我们的快感是由他的诗篇中那些我们称之为缺陷的方面引起的，也不能否定一般的批评原则，因为这只不过是否定了一些特殊的批评原则。按照这些特殊的批评原则，上面提到的那些手法，应算作缺点，应受到普遍的指摘。这就是说，假如那些手法能给我们快感，它们就不能算作缺点，既然它们也能产生快感，我们就不必管这种快感是如何不期而至和难于解释了。

但是艺术的全部一般规律虽然都仅仅依据经验，依据对人类天性中共同情感的观察，我们却不应以为人们的感情在一切场合下都符合这些规律。人心中比较细致的感情带有很柔嫩和敏感的性质，需要许多适当条件的共同作用才能使合乎情感的一般已知原则顺当地、确实地展现出来。对于这类感情的细腻微妙的成长，即使是最小的内外干扰，都会起妨碍和搅乱的作用。我们若要实际体验一下这种情感发展过程的性质，若要尝试一下美和丑的力量，就必须细心地选择合适的时间、地点，把它们放到一种贴切的情景里来加以想象。这样做时，我们的心要从容沉静，思虑要把种种情景加以回顾，对于我们描写的对象要认真把玩，缺少上述这些条件中的任何一个，我们的尝试就会陷于虚妄，我们就无法鉴定广泛的和普遍的美。至少，自然在美的形式和感受之间所建立的关系会因此变得比较模糊不清，而这是需要更大的精确性才能追寻和辨认出来的。要是我们能弄清它的影响，就不可只考察各个特殊的美的作用，而应依据那些得到人们经久不息的赞美的作品，这些作品经历了各种反复无常的风气和时尚的变迁，一切无知和敌意的错误攻击，依然保存了下来。

同一个荷马，两千年前在雅典和罗马受到人们喜爱，今天在巴黎和伦敦还在为人们赞美。风土人情、政治、宗教和语言方面的千变万化，不能磨损他的光辉。一个糟糕的诗人或演说家，仗着权威的支持或流行偏见的作用，也许可以风靡一时，但是他的荣誉是绝不能持久的，也不会得到普遍的承认。当后代或外国读者来考察他的作品时，戏法就被戳穿而烟消云散了，他的毛病也就现出了原形。与此相反，一个真正的天才，他的作品历时越久、传播越广，他所得到的赞扬就越真诚。在一个狭小的圈子里，敌意和忌妒真是太多了，甚至同作家亲近的熟人也会减弱对他的成就的赞赏，但是一旦这些障碍消除了，那自然的、动人心弦的美，就会发挥出它的力量。只要世界还在，它在人们心中就会永远保持威望。

由此可见，尽管鉴赏力千变万化，反复无常，还是有一些褒贬的一般原则，细心的人可以在心灵的所有活动里发现这些原则的影响。我们机体内部原初结构的某些特殊形式或性质，仿佛是专为快感设计出来的，而另一些则同不快相关，如果在某些情况下它们失去效用，总是由于官能有了缺陷或者还不完善。一个发高烧的病人不会坚持说他自己的味觉能判定食物的滋味，患黄疸病的人也不会硬说他能对颜色做出判断。每个人都有健全和不健全这两种状态，唯有前一种状态才能为我们提供一种真实的辨别与感受的标准。在感官健全的状态下，如果人们的感受完全一致或大体相同，我们从这里就可以获得完善的美的观念。这种情形同关于颜色的观念类似，尽管颜色被当作只是感官的幻象，我们还是可以认为，白昼对一个视力健康的人所显现的可以叫作真实的颜色。

内部官能有许多不时产生的毛病，会妨碍或减弱我们对美丑感受的一般原则发生作用。虽然某些对象依靠人心的结构能够很自然地引起快感，但是我们不能期望因此在每一个人的心中所引起的快感都完全相同。只要发生某些偶然的事件或情况，就会使对象笼罩在虚假的光里，或者就会使我们的想象力不能感受或觉察到真实的光。

许多人缺乏对于美的正当感受，一个最显著的原因，是他们的想象力不够精致，而这正是了解那些比较微妙的情绪所必不可少的。人人都自以为具有这种精致的能力，人人都在谈论它，要把各种各样的鉴赏力或感受都归结到这个标准之下。但是本文的意图就在于用某种理智之光来说明情感的感受问题，那么对于所谓"精致"下一个比以前所做出的更确切的定义该是正当的。在这方面我们无须求助于高深的哲学，只要引用《堂吉诃德》里的一个有名的故事[6]也就行了。

桑科对那位大鼻子的随从说，我自称精于品酒，这绝不是瞎吹，这是我们家族世代相传的本事。有一次我的两个亲戚被人叫去品尝一桶据说是上等的陈年好酒。头一个尝了以后，仔细品味了一阵，说，酒倒是好酒，不过他尝到酒里有那么一点皮子味，未免美中不足。第二个同样仔细小心地品尝、考虑了一番，也称赞这是好酒，只可惜有股子铁味，他很容易地辨别了出来。你一定想不到他们两个的话受到多少嘲笑。可是谁笑到最后呢？等到把桶里的酒都倒干以后，在桶底果然有一把旧钥匙，上面拴着一根皮带子。

由于对物质东西和精神事物的品鉴非常相似，这个故事对我们就很有启益。虽然美和丑比起甜与苦来，可以更加肯定地说不是事物本身的性质，而是完全属于内外感官感觉到的东西，不过我们还是应该承认，对象本身必有某种性质，按其本性是适于在我们的感官中引起这些感受的。要是这些性质微弱，或者彼此混杂掺和在一起，我们的鉴赏力往往就会忽略这些过分细微的性质，或者在它们混乱地呈现时难于辨别它们各自的风味。而如果我们感官的精微使一切性质都逃不脱它的观察，同时感官的准确又足以觉察混合物里的各种成分，我们就把这叫作鉴赏力的精致，不管我们使用这个词是按它的本义还是按它的引申义，都没有什么关系。那么，在这里美的一般法则就是有用的了，它是我们从已经树立起来的典范里，从观察一些表现愉快和不快的感受很纯净并且具有很高水准的作品中提取出来的一般法则。如果在一部完整的作品里，这些素质不高，不能给我们以快慰的享受或使我们得到对嫌恶的体验，这样的作者我们认为他不配自诩具有这种精致。得到这些一般法则或公认的创作典范，就像在上述故事里找到了拴着皮带子的钥匙一样；它证实了桑科亲戚的品鉴能力，使那些自以为正确反而嘲笑他们的人狼狈不堪。要是没把桶里的酒倒光，桑科的亲戚的鉴赏力仍是精致的，嘲笑他们的人也依旧是迟钝的，并没有什么两样；但是要想证明前者比后者高明，并且使所有的旁观者都相信这一点，那就要困难得多。同样，如果作品的美没有条理化，没有归纳成一般原则，如果没有公认的优秀典范，鉴赏力的高低不同还是存在，有的人的审美水平还是比别人强；不过在这种情况下要叫胡乱批评的人哑口无言就不容易办到了，他总会坚持他那些特别的看法，拒绝同他相反的评论。但是一旦我们向他指出一条公认的艺术法则，一旦我们用一些事例说明了这条法则的作用，就是从他自己的特殊趣味来看，他也得承认是适用的；一旦我们证明了这条法则可以运用到当前的事例上来，而他现在还没有觉察它的作用和意义，这时他就不得不做出结论，承认错误在于他自己，承认他还缺少精致的鉴赏力，这种精致对于他今后在各种作品或评论中感受到美与丑是不可缺少的品质。

如果每种感觉官能，能够精确地知觉到它面前的最微小的对象，不让任何东西逃脱它的注意与观察，我们就承认它是完善的。眼睛能看见的东西越小，它的官能就越好，它的组织结构就越精巧。要考考味觉是否良好，不能用强烈的刺激，而要把各种微细的成分混合起来，看看我们是否还能够辨别出每一种成分来，尽管这每一种成分微乎其微，而且同别的成分掺和在一起。同样，对于美与丑有敏捷锐利的知觉，是我们精神方面鉴赏力完善的标志。如果一个人怀疑他把所读文章中的优点和缺点都放过去而没有观察到，他对自己是绝不会满意的。在这个问题上，人的完美同情感官能的完美是统一的。一个人的味觉如果太精致了，在许多场合会给他本人和他的朋友带来不便。但是才智和美的精致鉴赏力则不同，它永远是一种令人向往的品质，因为它是一切最美好、最纯真的欢乐的源泉，而这种欢乐是最能感染人的天性的。在这一点上，全人类的情感是一致的。不管在哪里，只要你能查明某种精致鉴赏力，就一定能得到称赞；而查明它的最好办法，就是把建立在不同国家、不同时代的共同经验和一致同意上的那些典范和法则当作衡量的尺度。

人与人之间在鉴赏力的精致上虽然相差甚远，要想增进和改善这种能力的办法，莫过于在一门特殊的艺术上进行实际锻炼，经常地观察和沉思一种具体的美。任何对象在刚刚出现在眼睛或想象力之前时，我们对它的感受总不免是模糊混乱的，这时我们的心灵在很大程度上还无法对它的优缺点做出判断。鉴赏力还不能感知作品中的某些优美之处，更不必说辨别每个优美处的特性，确定它的质量和程度了。如果能就作品的整体做个一般的评论，说它是美的或是丑的，就算够好的了；就是这样的判断，一个缺乏实际锻炼的人，在说出时也不免会流露出很大的踌躇和保留。但是在他对这个对象有了经验之后，他的感觉就比较确实和细致起来，不仅能觉察到各个部分的美和不足，而且能辨别各种美和不足的类型，各个给予适当的赞扬与批评。在观察对象的全部过程里，都有一种清晰明白的感受在伴随着，对于作品中各部分很自然地适于引起快感和不快到了什么火候，属于怎样的类型，他能辨认得清清楚楚。先前仿佛蒙在对象上的一层雾消散了，官能由于不断运用也更加完善起来，于是他能够毫不犹豫地评判各种作品中的美。总之，在完成作品时实际锻炼所给予我们的灵巧和熟练，本身正是在品鉴作品的实际锻炼中获得的。

由于实际锻炼对于审美这样有益，所以我们在评论任何重要作品之前需要对它一读再读，并从各种角度去观察它，对它做细心的思考。因为在开始阅读作品时，思想还不免有些不集中，有些忙乱，这就干扰了对美的真实感受。这时人物的关系还没有搞清楚，风格上的真正特点也难于把握住，有些优点和缺点仿佛纠缠在一起，模糊地呈现在我们的想象力之中。还不用说，另有一种肤浅涂饰的美，初看上去固然叫人喜爱，不过我们在发现它同理性或激情的正当表现不能相容时，马上就觉得索然无味了，这时我们就会鄙弃它，至少大大降低了对它的评价。

为了继续锻炼我们的审美力，就需时时对各种类型和水平之间的优美进行比较对照，估量它们相互的比例。如果一个人不曾有机会比较各种不同的美，他就完全没有资格对面前的任何对象下断语。只有通过比较，我们才能规定和安排各种赞美或贬责之词，并学会把它们运用得恰到好处。粗劣的乱涂乱画也有鲜艳色彩和模仿如实之处，在一个乡民或印度人看来也是美，能打动他们的心，博得他们的最高赞赏。民间小调并非完全缺乏和谐自然的旋律，只有熟悉高级的美的人，才能指出它的音调刺耳，言语庸俗。十分低劣的美，在对最高级形式的优美有素养的人看来，能给予他的不是愉快而是痛苦，因此他会称之为丑。我们总是很自然地会把自己所能知道的最好的东西当作完美的顶点，给予最高的赞许。只有对不同时代、不同国度里都受人赞美的那些作品经常进行观察、研究和比较衡量的人，才能正确评价当下展示在他面前的某个作品，看看在天才的创作的行列当中能否给它一个适当的地位。

此外，一个评论家要想能较好地完成这个任务，他还必须使自己摆脱一切偏见，除了对象本身，除了把对象置于自己独立的审视之下以外，不考虑任何别的东西。我们可以观察到，一切艺术作品若要能对人心产生它应有的效果，都必须从一定的观点上来对它加以审视才行。因此，如果人们的状况，不论是实际的还是心理上的，不能同理解作品所要求的相适应，这些人就不能充分领略它们。一个演说家面对的是些特定的听众，就必须考虑到他们特有的语言才能、兴趣、意见、情绪以至偏见，否则他就休想左右他们的决定，点燃他们的热情。或许这些听众对他抱有某些成见，不论这成见多么不合理，他也绝不可忽视这个不和条件，这样，在谈到正题之前，就必须说些使他们心平气和的话来争取他们的好感。另一个时代和国家的评论家在读到这篇演说词时，就应该注意到当时这一切情况，应该设身处地地想想他所面对的听众是怎样的，才能对这篇演说词做出正确的判断。同样，如果一个作品是为公众写的，我同它的作者有友谊或嫌隙，那么我在读这个作品时，就应该抛开个人恩怨，把自己想成一个一般的公众，如果可能的话，就应该忘掉个人的特殊处境。受偏见影响的人不能照这个条件看问题，而是死守住他的原有立场，不肯把自己置身于理解作品所要求的观点中去。如果作品是为另一时代或国家的读者写的，他不考虑他们的特殊见解与偏见，他满脑子装的只是自己时代和国家里的看法，凭这些他就鲁莽地谴责在原作品为之而作的那些读者看来很可赞美的东西。如果作品是为公众而写的，他一点也不能开阔自己的心胸，对他同作者间的竞争和赞许、友谊和敌对之类的一己利益，始终耿耿于怀，不肯抛开。这样一来，他的感受能力就扭曲变质了，对于同样的作品在人们心中能唤起的同样的美和丑的感情，他就感受不到了。如果他给自己的想象力以正当的推动，能暂时忘记一下自己，本来是可以感受到的。显然，由于他的鉴赏力离开了真实的标准，结果就失去了一切信誉和威信。

大家知道，在听凭理智来做决定的一切问题上，偏见对于健全的判断力的危害带有毁灭性，它会歪曲智力的全部作用；同样，偏见也危害着健康的鉴赏力，败坏我们对美的感受，其程度毫不亚于前边发生的情形。在这两种情况下，要抑止偏见，都要靠人们健康的意识。就这一点而言，正如在别的许多问题上一样，理性纵然不是鉴赏力的主要因素，至少对于鉴赏力的活动也是必要的成分。在一切比较高级的天才创作里，各个部分之间总是紧密联系、彼此协调的，如果一个人的思想不够开阔，就不足以把握所有这些部分，比较它们间的相互关系，从而理解贯穿于全部作品中的线索和整体统一性，这样他就感受不到这个作品中的美或丑。每个艺术作品都有它打算达到的目的或目标，在估量作品的完美程度时，就要看它是否适于达到这个目的和达到的程度如何。

雄辩的目的是说服人，历史的目的是教导人，诗歌的目的是用激情和想象来打动人，给人以快感。在我们阅读任何作品时，必须时时考虑到它们的这些目的，并且还要能判断它们所运用的手段在多大程度上适于达到它们各自的目的。此外，各种类型的作品，即使是最富于诗情画意的，也仍然是一连串的命题和推论，当然，这并不一定是最严格、最确实的，但总还是可以说得通的，看上去合理的，无论它被想象的色彩如何装饰过。在悲剧和史诗中表现人物的思考、推理、决断和行动，应该适合他们的性格和处境；这种创作是极为精细微妙的，除了必须有鉴赏力和想象力的才华，也少不了判断力，否则就绝没有成功的希望。不用说，那些有助于提高理性的种种才能也应该相应的优秀，概念要相应的明白，区别要相应的确切，理解要相应的生动活泼，这些对于真实的鉴赏力的活动都是重要的，并且是它最可靠的伙伴。一个有理性的人，对艺术又有了经验，却不能对艺术的美做判断，这是极少可能或根本不可能发生的事；同样，一个人若没有健全的理智却有很好的鉴赏力，也是没有的事。

因此，尽管鉴赏的原则有普遍性，它在所有的人心中即使不完全相同也近于一致，但是有资格评判任何艺术作品，并使自己的感受达到美的标准的人却为数甚少。要使我们的内在感官发展到如此完美的地步，从而能容许一般的鉴赏原则充分发挥它的作用，产生出一种符合这些原则的感觉，那是不容易的。这些内在感觉官能常常是有缺陷的，或是被某种混乱所扭曲，因此它们所激起的感情就常常只能是错误的。如果评论家缺乏精致感，他的判断缺乏清晰性，只能感受些对象里粗浅的性质，那么，较为精细的体验他就会视而不见，从他眼皮下滑过去。如果他缺乏实际锻炼，他在下评语时就不免带着混乱和踌躇。如果他不善于运用比较，最轻薄无聊的美也会被他当作赞许的对象，这样的所谓美，其实还不如叫作缺陷。如果他为偏见所支配，他的所有的自然情感就都变质了。如果他缺乏健全的理智，他就没有能力辨认出情节和说理的美，而这正是最高级、最优越的美。一般来说，人们都不免有上述缺陷中的这一方面或那一方面，因此对于真正的正确判断是不可多得的，即使在艺术风气最优雅洗练的时代也不例外。概括起来说，只有具备如下可贵品质的人才能称得上是真正的鉴赏家，这就是健全的理智力很强，能同精致的感受相结合，又因实际锻炼而得到增进，又通过进行比较而完善，还能清除一切偏见；把这些品质结合起来所做的评判，就是鉴赏力和美的真正标准，不管在什么地方我们都可以找到它。

可是在哪里能找到这样的鉴赏家呢？识别他们可有什么标志吗？怎样把他们同冒牌的鉴赏家区别开来呢？要搞清这些问题是困难的。这样一来，我们好像又一次陷入了本文一直在努力设法摆脱的不确定状态。

不过我们要是正确地考虑这件事，就会看出这些只涉及事实而不涉及情感的问题。具体到某个人，关于他是否具有健全的理智和精致的想象力，能否不带偏见，这当然是可以争论的，往往需要做反复的讨论和研究；但是这样的品质很有价值，值得重视，关于这一点，所有的人都不会有不同的看法。所以在遇到这类疑问时，人们所能做的同其他诉诸理智的争论问题并没有什么两样。他们应当提出他们所能想到的最有力的论据；他们应当承认有一个真实的决定性的标准存在于某个地方，即实际地存在着，它是一个事实；他们也应当宽容同样诉诸这个标准却与自己不同的看法。如果我们已经证明了人们在鉴赏力上出发点和水平不一，有高有低，证明了总会有某些人（尽管具体地加以择定有困难）被普遍的情感公认具有高于其他人的优异之处，那么这对于说明我们当前遇到的问题也就足够了。

实际上，发现鉴赏标准——即使是那些特殊人物的鉴赏标准——的困难，也并非如初看上去那么大。虽说我们在理论思考上容易认为在科学上有某些标准而在感情上没有这样的标准，但是在实践中我们发现在科学上要想确立这样的标准常常比在感情上更难。抽象的哲学理论，深奥的神学体系，在一个时代里可以盛行一时，随后一个时代就被普遍否定了，它们的谬误被揭露出来，另一些理论和体系便取而代之，而这些理论和体系同样也要为它们的后继者所代替。在我们所经验到的事情里，最容易受机遇和风气转变所影响的，莫过于这样一些所谓的科学定论。雄辩和诗歌的美则与此不同，对于激情和自然的恰当表现，不久就定能得到公众的赞赏，并将永远保持下去。亚里士多德、柏拉图、伊壁鸠鲁和笛卡儿，可以彼此取代，但泰伦提乌斯[7]和维吉尔[8]则对一切人的心灵保持着普遍的无可争辩的影响。西塞罗的抽象哲学已经失去了它的价值，可是他那雄辩的力量仍然是我们赞美的对象。

有精致鉴赏力的人尽管很少，但由于他们的理解力健全、才能出众，在社会里还是容易被人们辨认出来的。他们所获得的优越地位，使他们对天才作品的生动赞美能够广泛传播开来，使这些作品在公众心目中占据优势。许多人单凭自己的感受，对于美只能有一种模糊不定的知觉，不过只要给予指点，他们也还是能品味各种美好的东西的。每一个能改变眼光赞美真正的诗人和雄辩家的人，都是引起欣赏风气的转变的因素。虽然各种偏见可能一时占上风，由于它们绝不会联合起来颂扬一个对手以反对真正的天才，所以最后还得屈服于自然的和正当感情的力量。因此，一个文明的民族虽然在选择他们应予赞美的哲学家方面容易搞错，在喜欢某个珍爱的史诗或悲剧作家方面却绝不会长久地陷于错误。

上面我们已尽力给鉴赏力确立一个标准，并指出了人们在这方面的不一致是可以协调的；不过还有两种差异的来源，它们虽然确实不足以混淆美和丑的各种界限，却仍时时会使我们的褒贬产生程度上的区别。来源之一是不同人们的生来的气质不一样，另一来源是我们所处时代和国家里的生活方式和意见总是特定的。鉴赏力的一般原则在人性中都是一致的。如果人们判断不一，一般说来总会发现他们在能力上或缺乏实际训练，或缺乏精致性；正是由于这个理由，我们称赞某人的鉴赏能力而指责另一个人。但是倘若从人们内在结构和外部环境这两方面的差别来看，都全然没有可以指摘之处，也没有理由说某个人的这些条件比另一个人的好，在这种情况下，鉴赏评判中某种程度的差异就是不可避免的，我们也不能找到一个能协调对立情感的标准。

一个情欲热烈的年轻人，总是比较易于为热恋和柔情的想象所打动的；而年长的人，则更喜爱那些能指导人生和使情欲得到中和调节的智慧和哲理。二十岁时喜欢奥维德这样的作者，到了四十岁喜欢的也许就是贺拉斯了，五十岁时则可能是塔西佗。在这些场合下，我们若是想勉强进入别人的感受，或想消除我们的自然倾向，那都会是徒劳的。我们选择我们喜爱的作家，就像选择我们的朋友一样，是由于彼此在气质和性格上相合。欢乐或激情，感受或思考，不管这些成分中的哪一种在我们性情里有某些缺陷或毛病，进行评判时受到偏见影响，占据了最主要的地位，它都会在我们心里唤起对与我们相似的作家的一种特殊的共鸣之情。

一个人喜欢崇高，另一个人喜欢柔情，第三个人喜欢戏谑。对缺点不能留情的人，十分勤于推敲；比较注意欣赏优美文笔的人，则可以为了一个高尚的或动人的一笔而原谅二十处荒唐和缺点。某人最爱洗练和有力的语句，另一个人却喜欢辞藻繁复、音韵铿锵。有的爱单纯朴实，有的则爱多方描饰。喜剧，悲剧，讽刺文学，颂歌赞赋，各自有其偏爱者，他们各个偏爱自己所爱的那类作品的作家，认为比别的作家好。显然，一个评论家要是只赞扬一类体裁或一种风格的作品，而指责所有其余的作品，那是一个错误；但是对于适合我们特点和气质的作品而不感到有一种偏好，也几乎是不可能的。这样一些偏好是纯真无害的，不可避免的，说它们谁对谁错是没有意义的，因为在这里并没有什么能用来判定的标准。

基于同样的理由，我们在读到作品所描写的情景和人物时，对于那些在我们自己时代和国家里所能见到的情形有类似之处的，总是更喜欢一些，而对于习俗全然不同的一套描述就要差些。我们要想使自己的爱好能适应于古代的淳朴生活方式，诸如公主去泉边提水，国王和英雄自己烹调食物等，也要费不少气力。一般说来，我们应当承认对这类生活方式的描述并不是作者的过错，也不是作品中的缺陷，但是我们不会对它们深切感触。由于这个缘故，要想把喜剧从一个时代或国家移植到另一时代或国家，那是不容易的。法国人或英国人不欣赏泰伦提乌斯的《安德罗斯女子》或马吉阿维尔的《克丽蒂亚》，因为在这两个喜剧里，全剧的女主角一次也不对观众露面，总是躲在幕后；而这种手法对于古希腊人和现代意大利人的矜持脾气本是适应的。一个见多识广善于思考的人对于这类特殊的手法可以接受，可是要想使普通读者抛开他们通常的观念和感受方式，欣赏同他们毫无相似之处的描写，是完全办不到的。

说到这里，我想有一个看法或许对于我们考察那个有名的古今学术之争会有些益处。在这场争论里，我们往往看到一方以古代的习惯方式为据，要求谅解古人的某些似乎是荒谬之处；而另一方则拒不接受这种谅解，或者至多只认可对作者的辩护，而不能原谅作品。我觉得，在这个问题上争论的双方常常没有把正当的界限划分清楚。如果作品所表现的一些淳朴的习俗特点，像我们上边提到过的那些事例，它们就确实应当得到容许；谁若是对这些描写感到震惊，那显然只能证明他的精致和高雅并不实在。假如人们全不考虑生活方式和习俗的不断演进，只接受合于当前流行的时髦东西，那么诗人的“比黄铜更经久的纪念碑”⁹就一定早已像普通的砖瓦土块一样坍塌了。难道因为我们的先辈穿着带绉领的衣服和用鲸骨绷起的大裙子，我们就必须把关于他们的描写都扔到一边去吗？但是如果说到道德与端庄的观念与时变迁，如果描写邪恶的行为而不给予正当的谴责和贬斥，这就应视为对诗篇的损害和真正的丑恶了。我不能够也不应该同意这样的感受，虽然考虑到时代的习俗我可以原谅诗人，但我决不会欣赏这样的作品。某些古代诗人所描绘的人物性格是那样的不人道、不体面，甚至有时荷马和希腊悲剧作家也有这类描写，这在很大程度上降低了他们高贵作品的价值，现代作家在这一点上就可以超过他们。如此粗野的英雄的命运和感情，不能引起我们的兴趣，我们不喜欢看到善恶的界限被搞得这么混乱；尽管考虑到作者的种种成见，我们可以对作者给予宽容，也绝不可能接受他的这类情感，或同情那些我们显然认为是应受谴责的人物性格。

道德原则方面的情况同各类思辨意见不同。思辨的意见总是不断流动和变革的，儿子同父亲所信奉的体系可以不同，甚至就一个人来说，也很难自夸他在这一方面能持久一贯。但在一切时代和国家的文学作品里，如果发现有什么思辨的错误，对于这些作品的价值却没有多大影响，只要我们把思想和想象加以调整，对那些曾经流行的意见有所理解，就能欣赏由此而来的感情和结论。但是要我们改变对人类行为的判断，摆脱我们所熟悉的、由长久习惯所形成的准则来产生另一种褒贬和爱憎的情感，那就是十分困难的事了。如果一个人确信自己判断所据的道德原则是正确的，他就会忠实地谨持它，不能因为他对作者表示尊重而稍微背离自己内心的情感。

在各种思辨的错误里，宗教方面的思辨错误如果出现在天才作品中，那是最可原谅的。任何民族或个人的文明或智慧，从来不是由他们的神学原理的精微或粗陋来决定的，我们也绝不允许据此下判断。事实上，人们都用同样的健全理智指导着他们日常的生活，而健全理智是不理会宗教说教的，因为宗教向来高高在上，被认为是超于人类理性认识的。所以，一切评论家，如果他想对古代诗歌做出公正的评价，就必须对那些异教神学观念的种种荒唐之处存而不论；而我们的后代在回顾我们时，也将持同样的宽容态度。只要诗人把宗教信条仅仅看作信条，我们就绝不应该认为这是他的错误。但如果他被这些说教搞得神魂颠倒，陷于冥顽迷信的地步，他就会搅乱道德的感情，改变善恶的天然界限。照我们上面所说的原则，这就是些不可磨灭的污点了，因为它们不是那些可以宽容的时代性的偏见和错误意见。

罗马天主教的一个基本精神就是要煽起对其他宗教信仰的强烈仇恨情绪，把一切异教徒、穆斯林和各种旁门左道都说成是天怒神罚的对象。这样的情绪虽然确实应予谴责，可是天主教宗教团体里的虔信者们却视为美德，并且在他们的悲剧和史诗里当作一种神圣的英雄主义来加以表现。这种固执的狂热，损害了两部很好的法国悲剧：《波利耶克特》和《阿达利》[10]，剧中全力渲染了对天主教信仰方式的疯狂热情，并作为英雄人物的突出性格。当高傲的约阿发现约莎贝同巴里的祭司马桑交谈时，他怒斥道："这是怎么回事？大卫的女儿竟然同这个叛徒说话！难道你不怕大地裂口，喷出烈火吞没你们？难道你不怕神圣的墙垣坍塌压死你们？你想干什么？为什么这个上帝的敌人要到这里，用令人憎恶的模样毒化我们呼吸的空气？"这样的情感在巴黎的剧院里博得了热烈的喝彩；但是在伦敦，观众们欢呼的是这样一些场面，阿基里斯骂阿伽门农面目如狗，胆小如鹿；或朱庇特恐吓朱诺[11]说，要是再不闭嘴就得挨一顿揍。

宗教原则一旦成了迷信，硬要干预各种与宗教毫无关系的感情，那它在任何文学作品中就都是一种缺点。在这一点上，我们不能原谅诗人，不能以他的国家里生活习俗处处都充满着宗教仪式和惯例，以致没有什么方面能摆脱这种羁绊来加以辩护。当彼特拉克[12]把他的情人萝拉比作耶稣基督时总是可笑的；而薄伽丘这位讨人喜欢的放荡作家，当他一本正经地感谢全能的上帝和贵妇们保护自己免于仇敌之害时，也是同样的荒唐可笑。

注释

1 费讷隆（1651—1715），法国教士和作家。曾被路易十四聘为他的孙子的教师。著有小说《泰雷马克历险记》等。

150

2　约翰·奥格尔比（1600—1676），英国印刷师，曾翻译过维吉尔和荷马的诗歌。

3　班扬（1628—1688），英国散文作家，著有宗教寓言小说《天路历程》等。

4　艾迪生（1672—1719），英国散文作家，文学评论家。

5　阿里奥斯托（1474—1553），意大利诗人。他的代表作长篇传奇叙事诗《疯狂的罗兰》，是意大利文艺复兴时期的名作。

6　见塞万提斯的《堂吉诃德》第二部分第13章。

7　泰伦提乌斯（约公元前190—前159），古罗马喜剧作家。写有六部诗剧，擅长描写人物的微妙心理活动，作品是古代纯正拉丁语的典范，对后来欧洲喜剧的发展有很大影响。

8　维吉尔（公元前70—前19），罗马最重要的诗人。写过牧歌、农事诗，尤以史诗《埃涅阿斯纪》著名。他的作品在当时就被认为是完美无缺的典范，对英国文学影响巨大。

9　见 Horace, *Carmina* Ⅲ.30.1。——原注

10　休谟这里所指的是高乃依的悲剧《波利耶克特》和拉辛的悲剧《阿达利》。下文所说的约阿和约莎贝之间的对话场景，见《阿达利》第3幕第5场。

11　朱庇特是罗马神话中最高的神，即希腊神话中的宙斯；朱诺是罗马神话中的天后。

12　彼特拉克（1304—1374），佛罗伦萨学者，桂冠诗人，人文主义者。

鉴赏力的细致和情感的细致

有些人的感情很敏锐细腻，他们总是处于某种这类敏感的支配之下，因而非常容易受到生活中种种偶然遭遇的影响，每个成功或顺利的事件都使他兴高采烈，而一旦处于逆境或遭到不幸时就垂头丧气，沉溺于强烈的悲伤之中。给他一些恩惠和提拔，能很容易地得到他的好感与友谊；而稍微伤害了他一点，就会招致他的愤怒和怨恨。得到点尊重和夸奖时，他们会得意忘形；略受轻蔑，他们就受不住。毫无疑问，像这样品性的人，要是同那些沉着冷静的人相比，他们总有更多的得意和快活，自然也有更多的刺骨的忧愁。但是如果权衡一下事情的轻重，我想，如果一个人能完全主宰他自己的气质，就一定宁愿具有沉着冷静的品格。因为命运的好坏，不是我们自己可以随意支配的；而性情过于敏感的人在遇到种种不幸时，忧伤和愤懑之情完全占据了他的心，就会使他失去对生活中普通事情的一切乐趣，失去那些构成我们幸福的主要部分的正当享受。何况在生活中人能得到巨大欢乐的事常常并不比使人感到巨大痛苦的事多，这样，敏感的人能尝到欢乐的机会就一定少于他遭到痛苦折磨的机会。这样的人在生活行为里是很容易不检点、不谨慎的，也就很容易犯错误，这些错误常常是无可挽回的。

在有些人身上，我们可以观察到他们具有鉴赏力方面的敏锐精致的品质，这种品质很类似情感上的敏锐精致，它能对各种类型的美和丑产生细致感受，就像后者对顺利和困逆、恩惠与伤害所产生的感受那样。如果你让具有这种能力的人看一首诗或一幅画，那种敏锐精致的感觉力就会把他领进诗与画的全部情景中去，他不仅能对其中的神来之笔尽情入微地品玩，那些粗疏或谬误之处也逃不脱他的感受，他会感到厌恶不快。一次优雅得体的谈话，对他是莫大的享受；而粗鲁无当的交往，他觉得如坐针毡，是活受罪。简单地说，鉴赏力的敏锐精致，其效果同情感上的敏锐精致是一样的。它扩展了我们的快乐和悲哀的范围，使我们能感受到别人往往感受不到的痛苦和欢乐。

虽然如此，我相信，所有的人都会赞成我这样一个看法，就是尽管两者相似，我们还是认为鉴赏力方面的敏感是值得我们追求和培养的，而情感上的敏感则是可悲的，只要可能，就应当加以矫正。生活中的好运或倒霉的事，我们自己是很少能做得了主的；但是我们可以很好地支配我们自己所读的书籍，所参与的娱乐活动，所保持的友情关系。哲学家们努力追求的快乐幸福，是完全不依赖于外界的一切事物的。完美无缺的境界是达不到的，不过每个有智慧的人总该把他的幸福立足于他自身；对于全靠其他条件才能获致的幸福，如情感敏锐精致的人所追求的那些东西，他不去追求。如果一个人具有这种能力，他就会由鉴赏的快感获得幸福，并感到这种幸福远胜于那些激起他食欲的东西所能给他的感官快乐；他会从一首诗、一段说理的议论里得到享受，这种享受在他看来也远胜于可能得到的最奢侈豪华的生活享乐。

尽管这两类敏感精致之间原来可能有联系，我还是认为情感上的敏锐精致需要纠正，鉴赏力则需要多加培养，使它提高和更加精练，才能使我们善于评判人们的性格、天才的著作和高级艺术的杰作。对于那些明显的能打动我们感官的美好东西，我们欣赏能力的程度完全取决于感性气质的敏感程度；但是在涉及学术和艺术时，一种精细的鉴赏能力，在某种程度上就需要强有力的健全理智与之相适应，或者至少可以说，由于精致的鉴赏力非常依赖它，两者是不可分离的。为了正确地评价一部天才的作品，必须考虑到这里的许多见解，比较许多不同的情景，具备有关的人类本性的知识，因此如果一个人不具有最健全的判断力，他就绝不可能对这样的作品做出差强人意的评论。我们认为对文艺作品的欣赏力应当培育，一个新的理由就在于此。我们的评判力必须用这种实际练习来增强。我们应当对生活形成更正确的观念。有许多东西能使别人感到快乐或折磨，对我们来说，就会感到微不足道，不值得我们加以注意；我们就能逐步抛弃那些不适当的感情上的敏感性。

但是，如果认为有训练的文艺鉴赏力消除了热情，使我们对于大多数人热心追求的对象抱冷漠态度，这也许是说过头了。进一步思考一番就会发现，实际上有训练的鉴赏力毋宁说是增进了我们感性能力的一切素质和一切适当的热情，同时使心灵拒绝那些比较粗鄙狂暴的感情。

Ingenuas didicisse fidediter artes,

Emollit mores, nec sinit esse feros. [1]

关于这一点，我想可以提出两个非常自然的理由。

第一，对于改进人们的气质和性情来说，没有什么比学习诗歌、雄辩、音乐或绘画中的美更有益的了。它能给人某些超群出俗的优雅的感受；它所激起的情感是温和柔美的；它使心灵摆脱各种事务和利益的匆忙劳碌；娱悦我们的思考；使我们宁静；产生一种适当的伤感情绪，这种伤感是一切心情中最宜于爱情和友谊的。

第二，鉴赏力的敏锐精致，对于爱情和友谊是很有益的，因为它帮助我们选择少数人作为对象，使我们在同大多数人的交往和谈话中持一种不偏不倚的态度。在世上，鉴别人品的能力十分卓越的人（无论他们的心智多么健全）是难得的，而对人品的种种差异和等级（这是人们挑选爱人或朋友的依据）全然麻木不仁的人也是少有的。一个人只要有适当的心智条件，就足以使人们接纳他。他们向他谈到自己的各种兴趣和种种事情，其坦率程度与他们对另一个人的没有什么区别，于是就发现许多人不过如此而已，没有他，人们也绝不会感到空虚或缺了点什么。但法国一位著名的作家[2]有一个比喻对我们是有用的，他说，判断力也可以比作一座钟表，最普通的钟表只能告诉我们钟点，这也就够了，唯有最精致的钟表能报出几分几秒，把时刻的最小差别分辨出来。一个对书本和人间知识有过精细体玩的人，他的亲密同伴必限于经过选择的少数人，他的乐趣便在其中，很少会超出这个范围。由于他的爱好影响限于一个小圈子里，如果他们水平一般，没有什么突出之处，他就会带动他们前进提高。同伴之间的欢乐嬉戏，会增进他们同他之间的友谊使之牢固，于是年轻时代的热烈情欲就演变成为一种优雅的感情。

注释

1　见 Ovid，*Epistolae et Ponto* Ⅱ.9.48。大意：心灵的精细，有助于行动不亢不卑。

2　见 Fontenelle，*Pluraité des Mondes*，Soir 6。——原注

谈谈悲剧

　　一部写得很好的悲剧，能使观众从悲哀、恐惧、焦急等他们本来会感到不快和难以忍受的情感中得到快感享受，这似乎是一件很难给予解释的事情。他们受到的触动和感染越大，就越喜欢这个戏；一旦那使人忧伤不快的情感停止活动，这出戏就演完了。如果能有一个充满欢乐、使人感到满意和放心的场景，那就是这类作品所能企望的顶点了，而这确实只能出现在最后一幕。在剧的进程里，如果还穿插一些使人宽慰的情景，那也只是些欢快的模糊闪现，接着就被事情的演变抛到九霄云外，或者它只不过是为了衬托对立和挫折，以便把剧中主人公投入更深的苦难之中。诗人的艺术，就在于唤起、激发他的读者心中的同情和义愤，悬念和遗恨。这些心情使他们备受苦恼的折磨，而他们从剧中所得到的快感恰同这种折磨成正比；要是他们不曾用眼泪、悲叹和哭泣来发泄他们的伤感，使充溢心中的最幽柔的感动和同情得到宽解，他们就绝不会感到满意和愉快。

有少数具有哲学素养的评论家，曾经注意到这样一种独特的现象，并致力对它加以说明。

修道院院长杜博[1] 在他的关于诗画的思考中认为：一般说来，对于心灵最有害的，莫过于老是处在那种懒洋洋的毫无生气的状态里了，它会毁掉一切热情和事业。为了从这种使人厌倦的状态中摆脱出来，人们就到处寻找能引起他兴趣和值得追求的东西，如各种事务、游戏、装饰、成就等等，只要这些能唤起他的热情，能转移他的注意力。不论引起的激情是些什么，即使它是使人不快的，苦恼的，悲伤的，混乱的也罢，总比枯燥乏味、有气无力的状态要好，而这种状态正来自所谓完满的平稳和宁静。

应当承认这个解释是有道理的，至少对说明问题有部分的道理。人们可以观察到，在几张牌桌上，正在打牌的人都在聚精会神地参加竞赛，即使里面找不到一个打得很好的人。高级情感的见解或想象，来自巨大的失与得，它能引起观众的共鸣，使他们分享同样的感情，给他们以一时的宽娱。当它完全吸引住观众的思虑时，就能使他们安逸地消磨时光，减轻他们在日常劳动中所负担的沉重压力。

我们可以发现，普通爱说谎话的人总是喜欢夸张，不论他说的是种种危险、痛苦、不幸、疾病、死亡、杀人和残酷勾当，还是说到享乐、美好、欢快和宏伟壮丽的场面，都是如此。一个荒唐可笑的秘密，就在于他总是想使他的伙伴们高兴，吸引他们的注意，刺激他们的情感和情绪，把他们带进这类令人惊叹的情景中去。

不过这个说法虽然看起来很有道理，仍不能充分解答我们要讨论的问题，运用起来也还有困难。要是悲剧中类似让人烦恼悲叹的对象实际出现在我们面前，使我们感受到真实的苦恼，那就能解释为什么悲剧能引起人们的兴味了；这样它也就能成为治疗怠惰无聊的最好药方。丰特奈尔先生似乎觉察到了这个困难，便试图对这个现象做出另一种解释，至少可说是对上述解释提出了某些补充。

他写道："快乐和痛苦，就其本身而言，是两种全然不同的感情，但是就它们产生的原因而言，差别就不那么大。拿开玩笑为例：原是逗乐开心的，可如果稍微过头了一点，就会惹人恼怒不快；而讽刺挖苦原是刺痛人的，要是说得温和幽默些，也能让人喜欢，破涕为笑。所以就出现了这种情形：有一种温和的使人适意的忧伤，它是痛苦，不过是减弱了的，缓和了的。悲伤忧郁之情，甚至灾难和愁苦，只要它们被某些条件变得柔和起来，就合于上述情形。确实，剧场

160

舞台上的演出有接近真实的效果，但它仍然与真人真事的后果不尽相同。在观剧时不管我们如何深深陷入剧情之中，也不管我们的理智和想象如何受它们的支配而暂时忘记了一切，但是在我们心理活动的底层仍然潜存着一个确实无误的观念，这就是：我们所看到的一切全属虚构。这个观点虽然微弱隐蔽，却足以减轻我们在看到所爱的剧中人不幸遭遇时产生的痛苦心情，把这种忧伤苦恼调节到某种程度使之成为一种愉快的欣赏。我们为英雄的不幸洒下同情之泪，同时由于我们想到这终究不是事实而只是虚构，就得到了宽慰；正是这些感情的掺和，构成了一种适度的忧愁和使我们喜欢的痛苦的眼泪。如果剧中的实际情景，人物所引起的我们的忧伤，压倒了我们理应由于知道它是虚构而产生的宽慰，这种效果就说明作品是成功的，并标志出它的优秀。"[2]

这种解释看来是正确可信的，不过我想也许还要再做某些补充，才能充分说明我们所要考察的现象。雄辩所激发的一切感情，是最能使人们欣然接受的，这同绘画和演剧中的情况一样。西塞罗的收场诗，从这一角度看，是每个有鉴赏力的读者喜爱的，阅读他的作品很自然地会使人产生深深的共鸣和忧伤之情。无疑，他作为一位雄辩家的卓越之处，常常是由于在这一方面做得很成功。当他为自己的雄辩力量而感动流泪，并引起读者的同情之泪时，读者们便处于高度愉快兴奋的状态中，并对作者的雄辩深感满意。关于维芮屠杀西西里船长场面的悲惨描写³，就是这类雄辩的一段杰作，不过我相信没有人会认为置身于这种悲惨情景里能得到什么娱乐。在这里，我们的悲伤是不能由于想到情况属于虚构而宽解的，因为读者都确信这里所讲的一切情况全是实实在在的事实。那么，在这种场合，使我们从不快里得到愉快的东西究竟是什么呢？也就是说，那种一直保持着灾难和悲惨的全部特征和现实标志的愉快感情，究竟是靠什么引起的呢？

我的答复如下：这种特殊效果就来自表现悲惨情景的雄辩本身。天才，就在于能用生动的手法描写对象；艺术，就表现为能集中各种使人感动的情景；判断力，就展现在安排处理这些对象和情景的方式之中。运用这些可贵的能力，还有语言文字的力量。各种修辞上的美，就能综合地在读者心中产生最高的满足感，唤起他们最惬意的思绪活动。在这里，我们可以发现，悲伤感情的不快，并不只是被某种更有力的相反东西压倒了、减弱了，而是这整个的感情冲动都转变成为快感，在我们心中洋溢着雄辩所引起的喜悦。这样的雄辩力量，如果用来讲些没有意思的主题，那就不会使人得到什么快感，甚至会使人感到无聊可笑；人心也不能受到什么激动，仍然完全静止不动地处于冷漠之中，欣赏不到任何想象力的或言辞的美，而这种想象和修辞的美如果有真情的话，是能给情感以精致优美的享受的。伤感，同情，义愤的冲动和热情，在优美的情感引导下，就能向新的方向发展。这种优美的情感是一种更优越的力量，它能抓住我们的全部身心，使那些单纯的热情和冲动转化为高级的感情，至少也能使它们热烈地受到感染，从而改变它们原来的性质。被情感所激动、被雄辩所陶醉的心灵，会感到自己整个地处在一股有力的运动之流中，同时也就感受到了这整个的喜悦之情。

这个道理同样适合于悲剧，我们要附带加上的一点说明就是悲剧是对现实的一种模仿，而模仿就它本身来说总是人们容易接受的。这个特点使悲剧引起的感情活动更容易平和下来，更有助于使全部感情转变为一种协调有力的精神享受。描绘最可怖的事物和灾祸能使人愉快，其效果常常胜于描绘那些最美好的对象，如果后者显得平淡的话。心中被唤起的伤感，会激起许多精神上的活动与热情，由于这种强有力的运动的推动，这些热情就全都变换成为快感。因此，悲剧的虚构之所以能使感情柔和优美，不仅仅是由于使我们的悲伤减弱或消除的结果，而是由于注入了一种新的感觉。对于一种实在的悲惨事件，你的伤感也会逐步缓和下来，直到它完全消失；但是在这种逐步消退的过程里，绝没有什么快感可言，除非一个人完全麻木不仁，或许偶然也会从这种麻醉状态里得到一种快乐或宽慰。

如果我们能根据这个解释，举出别的种种事例，说明较低的情感活动能变成高级的，并且尽管后者与前者不同甚至有时相反，也能给前者以一种推动力量，那就足以证实我们的这种解释。

小说能很自然地引起心灵的注意，唤起心灵的活动，它所唤起的这种活动总是能转变为对于小说中人物情景的某种感情，并且赋予这种感情以力量。一个新的不平常的情节，无论它激起的是欣喜还是悲叹，骄傲还是耻辱，愤怒还是善良的意愿，都能产生一种有力的感染作用。小说加深了我们对痛苦的感受，这同它加深了愉快的感受一样，虽然如此，小说本身总是使人愉快的。

如果你对人讲述一件事情，想引起他的极大兴致，那你能增强讲述效果的最好方法，就是千万别匆匆忙忙把事情的经过都告诉他，而要巧妙地推迟这个过程，先引起他的好奇心，使他迫不及待地想从你嘴里获得这个秘密。在莎士比亚剧的一幕脍炙人口的场面里，雅戈把这种手段表现得十分出色；每个观众都感受到，奥赛罗急于知道雅戈要说的内容，他的忌妒就添上了新的刺激力，而比较一般的情感在这里很快就转变为一种突出的情感。

疑难能增强各种各样的热情，它能唤起我们的注意力，激发我们的主动力量，从而产生出某种能滋养占主导地位的情感的情绪。

做父母的，通常最疼爱的是体弱多病的孩子，因为抚养这样的孩子常常要付出极大的辛劳，要为他焦急愁苦。这样一种亲切的感情是从不快的感受中获得力量的。

对朋友的思念之情，莫过于对他逝世的哀思。同他为伴时的喜悦之情不会有那样强烈。

忌妒是一种叫人痛苦的感情，可是如果一个人毫无这种感情，爱情的温柔亲密就不能保持它的全部力量和热烈。心爱的人儿不在身边，使恋人们时时思念悲叹，使他们感到莫大的痛苦，可是没有什么比短暂的离别更有益于加深相互的情意了。如果长期的别离已被看作是他们无力改变的悲苦命运，那只是因为时光的流逝已经使他们习惯了这种分离，而他们也就不再那样痛苦了。意大利人把爱情里的忌妒和离别之苦组成为一个复合词：dolce peccante（甜蜜的难受），他们认为这是一切快感的本质特征。

老普林尼曾经认真观察过的一种现象，颇能说明这个道理。他说："有件事是非常值得我们注意的：著名艺术家最后的未完成的作品，总是被人们给予最高的评价。诸如阿里斯梯底的伊里斯，尼各马可的丁达里蒂，提谟马库斯的美狄亚，阿佩莱斯的维纳斯。这些艺术珍品的价值甚至超过了他们完成了的作品。那残缺的轮廓，作者正在形成而又尚未形成的意念，都是人们仔细研究的对象；我们对因作者之死而停下来的精巧的手尤为悲叹，从而更加强了我们对作品的美的欣赏。"

上述种种事例（还可以搜集到更多的事例）足以使我们认识各种现象中类似的性质，并向我们指明，诗人、雄辩家和音乐家靠激发我们的悲伤、烦恼、义愤、同情等感情的方法，给予我们快感，并不像我们初想时那么令人诧异。想象力，表现力，修辞的和摹写再现的魅力，所有这些艺术能力就其本身而言，都很自然地能使心灵感到愉快。如果这些能力所表现的对象抓住了某些感情，那么由于它能把这些较低的感情活动转变和提升为优秀高级的东西，就能长久地给我们以快感。情感，当它被一个真实对象的单纯现象唤起时，它可能是痛苦的，这是很自然的；但是如果是由优美的艺术所唤起的，它就变得流畅、柔和、平静了，就能使人得到最高的享受。

为了证实这个说法，我们还可以观察到，要是想象力的活动没有支配那些情感，就会出现相反的效果；前者会从属后者，转化为后者，增添我们所感受到的痛苦和折磨。

谁会认为，对于死了心爱的孩子而悲恸欲绝的父母，用雄辩术的全部力量去夸张这不可挽回的损失，会是安慰他们的一剂良药呢？你的这种想象和表达能力越强，你就越增添了他们的绝望和苦痛。

威勒斯的可耻、胡作非为和恐怖，无疑在相应程度上唤起了西塞罗高贵的雄辩和热情，同样也在相应程度上引起了他的愤怒和不快。那来自雄辩的美的高尚感情，所引起的快感是非常强烈的，能引导读者按照同样的法则在对比的方式下转化感情，使他们同作者产生共鸣、同情和义愤。

克拉林顿[4]在王党的大灾难即将来临的时候，想到他的历史叙述会遇到极大的风险和麻烦，写到国王之死时便一笔带过，而不谈当时的任何具体情况。他认为若是把这一情景写得太可怕，而又不能写出极端的痛苦和反感来，那是绝不能感到满意的。他本人以及那个时代的读者，都深深地卷入了当时的各种事变，他们深感痛苦，并认为这类情景还是留给对此有极大怜悯心和兴趣的后代历史学家和读者去处理，才是最适当的。

悲剧所描写的某个行动可能是血腥残酷的，它会唤起恐怖可怕的感情而不能使之产生快感，描绘这类性质时的巨大表现力只会增加我们的不快。《有野心的继母》[5]里就写了这样一个场面，一位德高望重的老人，在狂怒和绝望之际一头撞到柱子上，脑浆迸裂，血污溅洒遍地。在英国的剧院里这类使人惊骇的情景真是太多了。

即使是极普通的悲悯之情，也需要借助于某种适当的感受方式来使之柔和，这样才能使观众真正满足。在恶行肆虐和压迫之下，单纯地诉说受难，会使这种美德与恶行构成一幅极不相称的情景，所以所有的戏剧大师都注意避免这样的描写。为了减轻观众的不快，使他们感到满足和痛快，美德必须成为一种具有高尚英勇精神的悲壮之情，或者它能使恶行得到应有的谴责与惩罚。

在这一方面，大多数画家的绘画主题似乎都是使人不快的。他们画了许多教堂和修道院，主要是描绘像耶稣被钉在十字架上和殉难这类使人感到可怕的主题，似乎只有拷打、创伤、死刑、受难，而没有什么反抗或可以使人感动的东西。当他们的画笔从这种可怕的神话传说转向别的主题时，他们通常求助于奥维德的那类虚构，这类虚构手法虽然动人适宜，对于绘画却很不自然，也是很不够的。

这里所说的转换法则，在日常生活里也时常表现出来，同演讲和诗歌效果一样。如果较低的情感被激发上升成为占统治地位的情感，它就会吞没原来滋养和促进它的那样一些感受。过分的忌妒能毁掉爱情；过分的困苦能使我们冷漠；孩子的疾病和缺陷过于烦人，也会使做父母的产生嫌弃的感情，变得自私无情。

请问，像这样使人不快的阴郁、暗淡、灾难重重的故事，有什么是忧伤的人能拿来款待他的同伴的呢?！它所能引起的感情只是不快，而没有带来任何精神、天才或雄辩的力量；它能传达给我们的只是一个纯粹的不快，而没有任何能使我们感到舒畅或满足的东西。

注释

1　杜博（1670—1742），法国外交家，考古学家，历史学家。

2　见 Fontenelle，*Réflections rus la Poetique* 1 §36。——原注

3　见西塞罗《反威勒斯的第二篇演说》V. 118 ~ 138。——原注

4　克拉林顿（1609—1674），著有《大叛乱史》，休谟这里谈到的可能就是这部著作。

5　尼可拉·罗威（1674—1718）的悲剧。

谈谈学习历史

我要最热忱地建议我的女读者们学点历史，因为在一切这类活动中，学习历史对于她们的性别特征和教育上的需要都是最相宜的，这比读那些普通消遣性的书籍更有教益，也比读书柜里常常可以找到的那些严肃作品更令人喜爱。她们从这两类书籍里知道的重要真理，从历史里也能学到，这些真理的知识对她们的恬静和安宁都会有许多贡献。我们男子同她们一样，远非她们想象的那样，是什么十分完美的创造物；支配男子世界的感情并非只有爱情这一种，还有贪婪、野心、虚荣以及成千种其他的情欲在支配他们，并时常压倒了爱情。我不知道上述两类书籍——它使妇女非常爱好新奇和恋爱故事——是否提供的是些关于人类的错误表象；不过必须承认，当我发现它们那么厌弃事实，那么喜欢虚构，我是感到遗憾的。我回忆起这样一件事，有一次一位美丽的姑娘要我借些小说和爱情故事给她看，作为乡间生活的消遣，那时我对她有了某种感情；可是，这个阅读经过给我的好处真不小！因为结局竟是怪我没有用伤风败俗的手臂去拥抱她。所以，我给她一本普鲁塔克的传记作品，同时还向她保证这本书从头到尾没有一个字是讲什么真理的。她很认真地阅读这本传记，一直读到亚历山大和恺撒的生平，这些名字她以前只是偶尔听说过。她把书还给我时，说了许多责备我骗了她的话。

确实有人会说，女人对历史并不像我所说的那样反感，假如它是些秘史，里面有些令人难忘的故事能激起她们的好奇心。但是，由于我全然不能在关注这些奇闻逸事中找到作为历史基础的真理，所以我不能把上述情况当作妇女们具有学习历史的热情的证据。无论这个说法如何，我还是不明白为什么这种好奇心就不可以接受一个更适当的指导，引导她们去追求对以往时代和同时代生活着的人们的了解。对于克里奥娜来说，福尔维娅秘密地同费兰多私通意味着什么或不意味着什么？难道克里奥娜听到有人悄悄说加图的妹妹同恺撒通奸，把她同恺撒生的儿子马尔库斯·布鲁图斯硬塞给她丈夫，当作她丈夫自己生的儿子这件事时，不是有同样理由感到快乐吗？难道梅撒利娜或尤里娅的恋爱故事不正是往后这个城市里谈论主题的引线吗？

不过，我不知道从哪里勾出我对女士们这样一种嘲笑挖苦的态度；我想，使我有这种看法的原因，或许同某些人受到同伴喜爱，成为他们善意的戏谑取乐对象的那种情形相同。我们很乐于用某种方式同一个我们喜欢的人交谈，同时以为他不致感到不愉快，因为他对在场的每个人会有正确的意见和情感这一点很放心。现在我要谈的主题更严肃一些。我要指出学习历史会得到许多益处，并且要说明它是多么适合于所有人的需要，特别是适合于那些由于天性多愁善感和教育上有缺陷而不愿学习严肃作品的人们。学习历史的益处，大致可以分为三个方面，这就是它能娱悦想象力，增进理解力，有助于加强美德。

实际上，还有什么比神游世界的远古时代，考察人类社会从幼年时期最初的些微尝试进到艺术与科学；知道政治制度、交往礼仪的一步步改进，一切装饰人类生活的东西趋于完善的前进发展，更能使我们心旷神怡的呢？还有什么比弄明白那些最繁荣的帝国兴起、发展、衰微和最后灭亡；比弄明白那些造成它们伟大的美德，使它们腐败灭亡的恶行，更能使我们获益的呢？一句话，要了解人类的一切，从一开始直到我们今天之前，让它们以真实的色彩呈现在我们面前，不要任何涂抹打扮；这类伪造只要存在一天，受它们影响的人在判断是非时就会感到十分困惑。有什么能够想象出来的情景，比历史告诉我们的更宏伟、更多样、更有趣？有什么使理智和想象力感到赏心悦目的事，能同它相比？难道那些占去我们大量时间的轻薄、无聊、消遣，更能使我们满足，更值得吸引我们的注意力，因而比学习历史更可取？那种能使我们在寻求愉快时做出如此错误选择的趣味，岂不是十分颠倒错乱的吗？

历史不仅能给我们以愉快的享受，而且最能增进我们的知识。我们通常称之为学识造诣的很大一部分，而且给予很高评价的，正是指熟悉历史事实。有文学修养的人有广博的学识，但是我应该指出有些人对这一点有一种不可原谅的无知（无论他们的性别和条件如何），他们并不熟悉自己本国的历史，也不熟悉古希腊罗马的历史。一位女士可以在举止上有好风度，还可以不时地用机智表现出生动活泼；不过要是她的心智没有用历史知识来充实，她的谈吐就不可能使有健全理智和善于思考的人感到满意。

还必须补充一点，就是历史不仅仅是知识中很有价值的一部分，还在于它是通往许多其他知识部门的门径，能给大多数科学提供知识的原料。确实，如果我们想想人生是多么短促，我们的知识即使毕生所得也是多么有限，那我们就必定会懂得：假如人类没有发明写作历史，把我们的经验范围扩充到过去的一切时代和最辽远的国度，用这些经验来大大增进我们的智慧，好像它们实际上就处于我们的观察之下，那我们在理智上就永远会处于儿童状态。一个熟悉历史的人，从某种意义上可以说他是从世界一开始就生活着的人，在每个世纪里他不断添加着他的知识储藏。

从历史获得的这种经验，还有一种高于凭实际生活学到的经验的优点。这就是，它使我们熟悉人类事务，又一点也不减少对于美德的最精致优雅的感受。它还告诉我们真理，在这一点上，我不知道还有什么别的研究或专业比历史做得更无懈可击。诗人可以用最动人的色调来描写美德，可是由于他们完全专注于感情，就时常变成恶行的倡导者。甚至哲学家在微妙的思辨中也常常左右为难，我们看到他们有些人走得太远，以致否定了所有道德品质的实在性。但是我想有一点值得思想家注意，那就是历史学家几乎没有例外地都是美德的朋友，并且永远是以它的本来面目表现它的，无论他们在对某些特殊的人物下判断时会发生怎样的差错。马基雅维利在他的佛罗伦萨史著作中就发现自己有一种对美德的真实感受。当他以一个政治家的身份来说话和进行一般推理时，他把下毒手、暗杀和弥天大谎等等看作夺取和保持权力的正当艺术；但当他以一个历史学家的身份进行具体叙述时，在许多地方，他对罪恶表现出那样强烈的愤怒，对美德的嘉许显得那样热情，使我不禁想起贺拉斯的名言：你若是赶走大自然，尽管你那么轻视它，它总还是要返回到你这儿来。要说明历史学家为什么喜欢美德，这并没有什么困难。当一个忙于事业的人投身到生活和行动中去的时候，他想得比较多的，是同他利益有关的那些人的特征，而不是他们本身如何；这样他的判断在一切场合都会受到自己情欲的强烈作用而扭曲变形。当一个哲学家在自己的小房间里思考人类的种种特点和行为方式时，对于这些对象的一般抽象考察使他的心变得十分冷漠无情，以致自然的情感没有任何得到发挥的余地；他几乎感受不到美德和恶德之间的区别。历史在这两个极端之间正好保持着一个适中的位置，它把对象放在它们真实的地位上加以考察。写历史的作家们同读者们一样，在这些性格和事件中，他们的充分乐趣就在于得到一种生动的或褒或贬的感受，而这时并没有什么与他们特殊利益攸关的东西来败坏他们的判断力。

　　因为只有在这时

　　　真话才从他心灵最深处吐出。

——卢克莱修

谈谈随笔

　　人类中比较优秀的一部分人，不满足于只过一种单纯的动物式的生活，而致力心灵的种种活动；这些人可以区分为学者和爱交际的两种类型。学者是这样的一类人，他们所选择的是从事比较高级和困难的心智活动，需要许多闲暇时间来从事单纯的个人思考，要是没有长期的准备和严格的劳作，就不能完成这种工作。社交界则是由喜欢交际的人的种种兴趣爱好汇聚而成：愉快的鉴赏，轻松优雅的理智，对各种人类生活事务明白的思考，对公共生活的责任感，对具体事物的缺陷或完美的观察，把这些人们聚集在一起，思考这样的一些问题，光凭个人孤寂地进行是不行的，需要有同伴，需要与同类的人交流谈话，以获得心智上应有的训练。这样做能使人们结合成为社会团体，其中的每个人都能够以他力所能及的最好方式发挥他对种种问题的见解，交流信息，彼此得到愉快。

学者与社交界脱离，似乎是上个世纪的一大缺陷。这对于学者的著述活动和对社交界都产生了很不好的影响。因为，要是不借助于历史、诗歌、政论和哲学中种种明白的道理，还会有什么交谈的题目能适合于有理性的人的需要呢？那样，我们的全部交谈岂不都成了无聊乏味的唠唠叨叨了吗？那样，我们的心智还能有什么增益，除了老是那一套：

没完没了的胡吹瞎说、琐屑之谈，

张家长，李家短，

搞得糊里糊涂，意乱心烦。

这样消磨时间，在同伴间是最不受欢迎的，也是我们生活中最无益的事情。

另一方面，学者的活动由于关闭在学院的小房间里与世隔绝，缺乏很好的交流与伙伴，也同样受到很大的损害。由此产生的恶果是，我们称作 belles lettres[1]（文采）的一切都变成生硬艰涩的文字，毫无生活和风度上的情趣，也毫无思想和表述上的流畅机智，这些只能从人们的交谈中才能得来。甚至哲学也会由于这种沉闷的不食人间烟火的研究方式受到严重损害，要是它的陈述方式和风格使人感到莫名其妙，它的论断就会成为一些奇奇怪怪的东西。确实，如果人在推理时一点也不向经验请教，一点也不研究经验（这些经验唯有在公共生活和交谈里才能得到），对于这样的人，我们还能指望些别的什么呢？

我高兴地看到，本世纪的文人学者在很大程度上已经改变了这种使他们同人们保持距离的羞答答腼腆的脾气，同时世人也从各种书籍和学问里得到他们最适当的交谈主题。可以期望学者和社交界之间已经建立起来的这种愉快的联盟，会进一步增进彼此的收益；就这个目的来说，我不知道还有什么比我努力奉献给公众的那些随笔更为有益的了。从这个考虑出发，我认为自己颇像从学者的国度迁居到社交界"国家"的侨民或是派出的使者，我的职责就是促进这两个有重要依存关系的"国家"之间的良好关系。我要把社交界活动的消息报道给学术界，并且可以把我在自己"国家"里发现的适于社交界"国家"需要的那些商品，输入到这个"国家"。对于贸易平衡问题我们无须担心，保持这种双方的平衡也没有什么困难。在这种商品交换中，原材料主要是由社交界和公共生活领域提供的，而加工产品的工作，则属于学者。

一名大使如果不尊重他出使国家的君主，是一个不可原谅的玩忽职守的错误；同样，我若是对于社交界的女性没有表示出特别的尊重，也是不可宽宥的，因为她们是社交王国的女王。我在接近她们时一定要非常尊敬，不能像我本国人那样的作风。学者是人类中最坚持独立性的人，他们极端珍视自由，不习惯于顺从，而我则应当对文雅公众的这些有权威的女王表示顺从。做到这一点以后，我的进一步使命无非就是去建立某种攻守联盟以反对我们的共同敌人，即反对理性和美的敌人，亦即愚钝的头脑和冷酷的心肠。从这时起我们就可以用最严格猛烈的火力来追击这些敌人，不要宽恕它们。我们的宽容只适用于健全理智和美好情感这类东西；我们可以认为这类品质总是不可分离地存在在一起的。

抛开上面的比方，认真地说，我以为有理智和教养的妇女们（我只对她们表示敬意）对于各种文艺作品的品评能力，比同等水平的男子往往要强些；我也以为男子们不妨对有学识的妇女开点适当的普通玩笑，有些人连讲点这样的笑话都十分害怕，以致对女友们绝口不敢谈论各种书籍学识，这实在是无谓的恐慌。其实，对这类戏谑的担忧，只是在应付无知的妇女时才有意义，她们不配谈论知识问题，对于她们，男子们是避而不谈这类知识的。而这种情形也会使某些徒有虚名的男子装出一副比妇女优越的样子来。不过我想我的公正的读者们会确信，一切有健全理智的熟谙世事的人，对于他们知识范围内的这类著作都能做出种种不同的评判，并且比那些卖弄学问的愚钝作者和评论者更相信自己的优雅的鉴赏能力；尽管他们的鉴赏力缺乏规范的指导。在我们邻近的那个国家[2]里，良好的鉴赏力和风流豪爽同样著称，那里的女士们在一定意义上乃是学术界的权威，正如她们在交际界那样；要是没有她们的赞扬和卓越的评判，任何文艺作家都休想在公众面前崭露头角。她们的评判确实有时也叫人感到头痛，例如我发现那些欣赏高乃依的[3]贵妇们，为了抬高这位大诗人的荣誉，当拉辛[4]开始超过他时也要说他比拉辛更好。她们总是这样说："真没想到，人都这么老了，还要同一个这样年轻的人作对，争什么高低，计较什么评价。"但是这种看法后来被发现是不公正的，因为下一代似乎承认了这样的判决：拉辛虽然死了，仍然是优雅女性们最宠爱的作家，这同男子们给予的最好评判是一致的。

只是在一个主题上，我不那么信任妇女们的评判，这就是有关风流韵事和献身信仰的作品应当如何评价的问题。对于这类事情，女士们通常感情过于激动，她们大多数人似乎更喜欢热烈的情感而不能保持适度。我把风流韵事同为信仰献身的事情并提，是因为实际上她们对待这两者感情激动的方式是相同的，我们可以观察到这两种感情有同样的气质作为依据。由于优雅的女性都富于温柔和热情的秉性，这类情景就会影响她们的判断力，即使作品的描述并不得体，情感并不自然，她们也很容易受到感动。所以，她们不欣赏艾迪生关于宗教所写的优美的对话而喜欢那些讲神秘信仰的书籍；由于德莱顿先生[5]的挑剔，她们拒绝了奥特维[6]的悲剧。

倘若女士们的鉴赏力在这一方面有所矫正，她们就会稍微习惯于鉴赏各种类型的书籍，并能给有健全理智和知识的人们以鼓励，促进他们之间的交际，诚心诚意地协调一致，为我所提倡的学者和社交界的联合而尽力。否则，尽管她们也许能从随声附和者那里得到许多谦和的顺从，但学者们是不会附和她们的，她们也不能合理地期待诚实的反应。我希望，她们不至于做出那么错误的选择，以致为了假象而牺牲实质的东西。

注释

1　belles lettres，法文词，原指文学艺术，休谟在这里指的是各种学术中应该有的文采风格。

2　休谟在这里指的是法国。

3　高乃依（1606—1684），法国古典主义戏剧大师。

4　拉辛（1639—1699），法国悲剧诗人。

5　德莱顿（1631—1700），英国诗人，剧作家，文艺批评家。

6　奥特维（1652—1685），英国剧作家，诗人。伤感剧的先驱者之一。

谈谈写作的质朴和修饰

艾迪生先生认为，好作品是感情的自然表现，但不要明白显露。我觉得这还不能算是对好作品比较正确扼要的界说。

情感如果仅仅是自然的，就不能给心灵愉快的感受，似乎不值得我们予以关注。水手的俏皮话，农民的见闻，搬运工人和马车夫的下流话，所有这些都是自然的，也是挺讨人厌的。从茶馆闲聊里编造出来的无聊的喜剧场面，有哪个能忠实和充分地描写出事实和情感来呢？只是在我们把自然的种种美好和魅力描绘出来时，换言之，自然只是在艺术给予修饰和使之完美，不是简单地加以模仿而是按照它的应有的美的样子加以表现时，才能使有鉴赏力的人们感到愉快；如果我们描写比较低级的生活，手法笔触就必须是强有力的和值得引起注意的，必须能使心灵得到一个生动的形象。桑丘·潘沙[1] 荒唐可笑的 naïveté[2]（天真）在塞万提斯笔下表现得何等淋漓尽致，真是无与伦比，包含着多少豁达大度的英雄形象和温柔的爱情画面啊！

这一点对于演说家、哲学家、批评家，以及任何一个用自己名义写作而不是借助于他人的言语行为的作家，都是同样适用的。如果他语言不文雅，观察力不出众，理解力、感受力不强，没有气概，那么他夸耀自己作品的自然和质朴就是徒劳无益的。他说得也许正确，但绝不会使人喜欢。这类作家的不幸就在于他们根本得不到人家的指摘与苛评。幸运的书和人就不会受到这样的冷遇。贺拉斯谈到过所谓"欺骗性的生活道路"，这条秘密的、骗人的生活道路，也许是一个人所能有的最大幸运；不过另一个人要是落入这条路，得到的却是最大的不幸。

另一方面，作品如果只是使人惊奇，但不自然，就绝不能使人们的心灵得到持久的享受。描写古怪的事物，当然不是摹写或模仿自然。失去了正当的表象，画面就没有同原来面貌相似的东西，我们的心灵对此是不会满意的。在书信体或哲理性的著作里，过分的文饰是不适当的，史诗或悲剧亦复如此。华丽的辞藻和修饰太多，对于一切作品来说都是一大缺陷。非凡的描写，有力的机智火花，明快的比喻和警句，如果使用得过于频繁，就成了瑕疵，而不再是对文章的润色了。这就像我们观看一座哥特式建筑时被花样繁多的装饰搞得眼花缭乱那样，由于注意力被各种枝枝节节的东西吸引而分散，就看不到整体了；心也同眼睛一样，它在仔细读一部堆满机智的作品时，也会被不停的闪光和惊奇搞得筋疲力尽，感到厌倦。一个作家要是才智过于丰富，往往就会出现上述情形；虽说这种才智本身还是好的、使人愉快的。这类作家通常的毛病，是他们不管作品主题是否需要，就把他们喜爱的修饰之词和手法大加卖弄堆砌；因此，他们要表达一个真正优美的思想，就得用二十个矫揉造作使人厌烦的奇思怪想。

不过我在这里批评的对象，并不包括那些把质朴和文饰恰当地结合起来的作品，尽管它们可能比上述那类作品写得更长、更丰富。关于这个问题虽然我不想谈论过多，也要做少许一般的观察。

首先，我观察到：尽管两类过分都应当避免，尽管在一切写作里应当苦心探讨一种能把两者结合起来的适当的中间方式，但持中的写法并不只限于某一种，它容许有很大的自由度。在这方面，我们可以想想蒲柏和卢克莱修之间的距离是多么大。在极端的精雅文饰和极端的单纯质朴二者之间，诗人似乎可以随心优游，不必担心会犯什么过头的毛病，在两个极端之间的广阔地带里，布满了彼此各异的诗人，各有特殊风格和面貌，这并不影响他们得到同等的赞美。高乃依和康格里夫[3]的机智和文采，在某种意义上比蒲柏还要强（如果各种类型的诗人可以放在一起比较的话），而索福克勒斯和泰伦提乌斯比卢克莱修还要质朴自然，他们似乎超出了大多数完美作品所具有的持中状态，在这两种对立的特征上有些过分。照我的看法，在一切伟大诗人当中，维吉尔和拉辛处于最接近于中心的位置，离两种片面或极端最远。

在这个问题上我观察到的第二点是：想用词句来说明质朴和文饰这两者之间的恰到好处的持中状态是什么，或者想找到某种能使我们知道如何正确划清优美与缺陷的规则，即使并非完全不可能，也是极其困难的事。一个文艺评论家对于这个问题可以发表很得体的看法，但是它却不仅不能使读者搞清楚这些持中的标准或界限，甚至他自己也不能完全理解这些东西。丰特奈尔的《论牧歌》，是文艺评论中难以比拟的精品。在这篇文章里，他进行了许多思考和哲理的讨论，力图确定适合于这类作品的恰到好处的中和之道。可是任何一个读到这位作家自己写的牧歌的人，都会认为这位有见识的评论家尽管道理讲得好，鉴赏力却不佳。他所认为的完美，实际上过于强调了优雅文饰的方面，而这对牧歌是不相宜的。他所描写的牧人情感比较适合巴黎的妆饰，而不适于阿卡狄亚的山林。可是这一点你从他的批评理论中是绝对发现不出来的。他指责所有过分的描绘和修饰，所说的道理同维吉尔实际上做到的程度一样，仿佛这位伟大诗人也写过有关这类体裁的诗歌的论文似的。不管人们在鉴赏力方面多么不同，他们关于这些问题的一般见解通常是一样的。文艺批评如果不涉及特殊，不充分讨论各种例证，那是没有什么教益的。一般说来，人们承认美同美德一样，总是执其两端适得其中的东西，可是这个居中的东西究竟在两端之中的什么地方，分寸如何掌握，却是一个大问题，它绝不能靠一般的讲道理得到充分的说明。

现在我来讲讲在这个问题上观察得来的第三点看法，这就是我们应当努力避免过分的文饰甚于避免过分的质朴，因为过分文饰比过于质朴更损害美，也更危险些。

这是一条确实的规律：机智与情感是完全对立的。去掉了感情，就没有想象力的地位。人心很自然地受到制约，它的各种能力不可能同时都起作用，某种能力越占上风，留下来供其他能力得到发挥的余地就越少。因此，描写人物、行为和情感的一切作品，比那些由思考和观察构成的作品需要有较大程度的单纯质朴性。由于前一类作品更动人、更美，按照上述见解，人们就可以放心地在单纯质朴与文采修饰两端之间优先强调前一方面。

我们还可以观察到，我们最常读的、一切有鉴赏力的人时时放在心上的作品，都有使人喜欢的质朴，除了附丽于这种质朴感情之上的优美表现力与和谐的辞章而外，它们并没有什么使我们在思想上感到惊奇意外的东西。如果作品的价值在于它讲出了某种机智的警句，它一上来就会打动我们，不过这样我们的心就要期待在进一步细读中了解这个思想，也就不再为它所感动了。我在读马提雅尔[4]的一首警句诗时，它的第一行就使我想到了全诗会说些什么，我不想重复我已经知道的东西，也就没兴致读这首诗了。但是卡图卢斯[5]的每一行诗和每一个词都有它的价值，我在仔细读他的诗时从来没有感到疲倦。考利[6]的作品翻一下也就够了，可是帕内尔[7]的诗读到第十五遍，还同初读时一样感到新鲜动人。此外，作品和女人一样，某种平易的姿态和衣着，总是比刺人眼目的涂脂抹粉、装模作样、穿金戴银要动人得多。后者只能迷惑人的眼睛，却打动不了感情。泰伦提乌斯有一种最平和羞怯的美，他写的一切都使我们喜欢，因为他毫不虚假，他的纯净自然给我们以一种虽不强烈却是持久的感受。

但是，由于文采修饰多多少少也能算作某种美的东西，所以走这种极端是比较危险的，也是我们最容易陷入的毛病。单纯质朴如果没有同时伴以高度优雅和适当的风度，往往被看作平淡乏味。与之相反，机智和骗人的闪光就成了使人惊奇的东西。普通的读者受到它的强烈刺激，会错误地以为这就是最不简单的、最了不起的创作方法。昆体良说，塞内卡的雄辩里充满了使人喜欢的错谬，所以就更加危险，更容易败坏年轻人和无知的人的鉴别力。

　　我要再多说两句的是，在今天，我们应当比过去更加提防过分的文饰，因为学术有了进步，在各种类型作品的领域里都出现了有名的作家，在这种情况下，人们最容易陷于这种极端。想靠新奇来取悦于人的努力，使人们远离质朴自然的感情，他们笔下就充满了矫揉造作和骗人的东西。古希腊小亚细亚的雄辩，到阿提卡就大大败坏了；奥古斯都时代的鉴赏力和天才，到了克劳狄乌斯和尼禄时代就江河日下了；造成这种状况的原因是类似的。何况现在已经出现了某些类似的鉴赏力下降的征候，法国如此，英国也是一样。

注释

1 桑丘·潘沙，塞万提斯小说中堂吉诃德的侍从，也是主人疯狂的理
　想主义的陪衬，以许多出自他口中切中要害的格言而闻名。

2 naïveté，这是个我借用的法文词，英语中很难找到相应的词。——
　原注

3 康格里夫（1670—1749），英国剧作家。擅长使用精柔的喜剧对话，
　讽刺当时的上流社会，嘲笑矫揉造作的风气。

4 马提雅尔（约40—约104），古罗马诗人，主要作品有《警句诗集》
　12卷。

5 卡图卢斯（约公元前84—约前54），古罗马抒情诗人。

6 考利（1618—1667），英国诗人。

7 帕内尔（1679—1718），英国诗人，小品文作者。

译后记

杨　适

　　朋友们约我译点休谟的散文，这是一件好事，我对休谟的思想和哲学也很有兴趣，就答应了。可是动起笔来，就发现这件工作难度颇大。因为休谟的散文涉及文艺、历史、哲学、美学、伦理学和社会生活问题等众多领域，涉及大量史实和文学、历史著作，我的知识不够，很难适应。还有，他的文字生动、细腻、优美，是那个时代英法等国上流社会交际时使用的那种风格语言，这就更难译了。"译事三难：信、达、雅"，我全碰上了。要是我在答应之前仔细想想这件事如此难做，也许就不敢答应下来。可已经答应了，也只能勉力从事。我想"信、达、雅"三个字，我只能着重抓一个"达"字；我觉得，"达"包括多方面，首先是要求努力忠实理解，即"达"作者之意，休谟的思想是清晰的，所以不管他的议论如何曲折，文字多么婉转，我都要抓住他的思想路子，不能含糊；其次，我要尽力使译文既能传"达"作者原意，又能使读者容易理解和欣赏一些。至于"信"，我希望在忠实的"达"里已经包含了它的主要要求；而"雅"只能尽力而为了。我想这要求对我来说已属不易，现在看来，虽然做了很大努力，由于自己学识浅薄，力不能及之处肯定还是很多的。"达"也很难全部做到，何况其他！只有请读者多多批评指正了。

这里收集的十四篇文章中，有十一篇是我译的，王太庆先生费了许多精力和时间校阅，使之增色不少，在此谨向他致谢。还有三篇：《优雅而快乐的人》《注重行为和德行的人》《沉思和献身哲学的人》，是赵前和丁冬红同志译的。这次也一并编入，这是应予指明的。